立体视觉信号质量评价算法

LITI SHIJUE XINHAO ZHILIANG PINGJIA SUANFA

鄢杰斌◎著

中国铁道出版社有限公司
CHINA RAILWAY PUBLISHING HOUSE CO., LTD.

内容简介

本书详细论述了立体视觉信号质量评价的作用、方法及其性能度量，其中立体视觉信号质量评价方法面向多种立体视觉信号，包括三维图像、合成图像和自由视点视频。本书分为三部分：第一部分论述了立体视觉信号质量评价的发展背景及作用、二维图像质量评价、三维图像质量评价、合成图像质量评价和合成视频质量评价，并论述了方法性能度量；第二部分论述了面向三维图像、合成图像和自由视点视频的质量评价方法，并对其性能进行了详细比较；第三部分总结了全书并介绍了潜在的研究方向。

本书对关键问题进行了详细的数学描述，并给出了大量的图示和性能对比表格，以易于读者阅读和理解。本书适合作为高等院校计算机科学与技术和相关专业"数字图像处理"和"计算机视觉"课程教材，也可供对视觉质量评价领域感兴趣的人员参考。

图书在版编目(CIP)数据

立体视觉信号质量评价算法/鄢杰斌著．—北京：中国铁道出版社有限公司，2023．11
ISBN 978-7-113-30564-2

Ⅰ．①立… Ⅱ．①鄢… Ⅲ．①立体视觉-信号处理-质量评价-算法②立体视觉-视觉系统-质量评价-算法 Ⅳ．①TP391．41

中国国家版本馆CIP数据核字(2023)第184915号

书　　名：立体视觉信号质量评价算法
作　　者：鄢杰斌

策　　划：曹莉群　　　　**编辑部电话：**(010)63549501
责任编辑：贾　星　徐盼欣
封面设计：尚明龙
责任校对：安海燕
责任印制：樊启鹏

出版发行：中国铁道出版社有限公司(100054，北京市西城区右安门西街8号)
网　　址：http://www.tdpress.com/51eds/
印　　刷：北京铭成印刷有限公司
版　　次：2023年11月第1版　2023年11月第1次印刷
开　　本：710 mm×1 000 mm 1/16　**印张：**7.25　**字数：**123千
书　　号：ISBN 978-7-113-30564-2
定　　价：50.00元

前言

立体成像技术的迅速发展使得立体视觉信号成为人们生活中重要的多媒体数据，立体成像技术也给人们的日常生活带来了巨大的变化。多媒体立体视觉技术在服务人们日常生活及提升生活质量的同时，也带来了多媒体信息管理的难题。比如，海量的立体视觉信号的质量参差不齐，如何准确地预测立体视觉信号的质量并筛选出低质量立体视觉信号是十分必要的，该操作可以有效地节约存储空间并提高多媒体资源的利用率。另外，随着人们对多媒体立体视觉技术带来的视觉体验要求逐渐增加，如何提升多媒体立体视觉技术成为学术界和工业界追求的目标。立体视觉信号质量评价旨在准确地预测立体视觉信号的质量，是海量立体视觉信号筛选的重要手段。同时，它可为立体视觉信号处理算法优化和立体视觉系统优化提供直接的优化目标。因此，立体视觉信号质量评价在多媒体信息管理中不可或缺，具有重要的研究价值和应用价值。

本书面向三维图像、合成图像和自由视点视频三种立体视觉信号，论述立体视觉信号质量评价研究工作，旨在让读者了解新式媒体应用中的视觉质量度量问题，从而进一步了解当前科技发展的前沿，如虚拟现实、增强现实、人机交互等。本书的主要内容如下：

(1)针对大部分现有三维图像质量评价模型仅考虑高级语义特征融合问题，本书提出融合多层级语义特征的三维图像质量评价模型，它包含一个权值共享的特征提取模块、一个特征融合模块和一个质量回归模块。首先，受多层级视觉感知机制启发，使用一个权值共享的深度卷积神经网络，提取左右视图低级、中级和高级语义特征。其次，考虑到双目视觉特性，构建特征融合模块。该模块先分别融合左右视图的不同层级语义特征，再通过两个卷积操作进一步融合多层级语义特征。最后，构建包含多个全连接网络的质量回归模块，输出三维图像的质量分数。本书在两个常用的三维图像质量评价数据集上进行实验，实验结果表明所提出的模型性能超过了其他对比的模型。

(2)针对当前公开的三维图像质量评价数据集规模过小导致模型性能比较可信度不足的问题，本书开展基于弱监督学习的三维图像质量评价研究。首先，构建首个大规模三维图像质量评价数据集，并自动生成三维图像对的相对质量作为粗粒度标签，生成单一视图质量作为伪标签。其次，利用构建的三维图像质量评价数据集，重新训练当前主流的三维图像质量评价模型，以更加公平的方式比较不同的模型，并探索网络框架、输入尺寸和额外的监督信号对模型性能的影响。所有的测试模型均在当前公开的数据集上测试，实验结果证明了本书构建的三维图像数据集的必要性，并获得了关于三维图像质量评价模型多维度的比较。

(3)针对 DIBR 过程引入的非均匀失真难度量问题，本书提出结合局部变化感知和全局自然性建模的合成图像质量评价方法。首先，使用局部高斯导数计算图像的局部泰勒展开，用于表征图像局部结构信息。进一步地，使用局部二值模式表示初始结构特征，并使用局部结构特征幅值对初始结构特征进行加权，得到最终的结构特征。同时，计算图像的色度信息和颜色角度信息。类似地，计算得到颜色特征。结构特征和颜色特征共同用于感知局部变化。其次，使用全局自然性度量全局变化，包括亮度自然性和结构自然性。其中，亮度图通过局部归一化操作获得；结构图通过计算合成图与其低通滤波图的差异图得到。最后，结合局部变化和全局自然性共同度量合成图像质量。实验证明，本书提出的方法能够有效地度量合成图像的质量。并且，通过剥离实验证明了局部感知和全局建模在度量合成图像质量变化上的有效性和互补性。

(4)针对当前自由视点视频体验质量评价研究中内容简单、数据量少的问题，开展自由视点视频体验质量评价研究。考虑到应用场景仅有两种(中国男子篮球联赛和综艺节目)，本书提出有限场景内的多样化数据收集策略，构建首个大规模自由视点视频体验质量评价数据集。其次，提出从粗至细的两阶段主观数据标注法。第一阶段为挑出“确定的”样本，即受试者对此类样本的评分一致性概率较高；第二阶段则继续为“不确定的”样本打分。通过深入分析主观数据，研究深度信息和人物聚集程度对自由视点视频体验的影响。另外，考虑到模型性能和效率的平衡，设计快速、有效的自由视点视频体验质量预测基准模型。率先探索帧稀疏采样对模型性能的影响，测试多种稀疏采样策略。实验证明，仅使用自由视点视频的部分帧，就可以准确地预测整个自由视点视频的体验质量。

本书各章之间的关系如图 1 所示，内容围绕立体视觉信号展开，具体组织结构如下。第 1 章是导论，首先介绍立体视觉信号质量评价的作用，然后分别介绍二维图像质量评价、三维图像质量评价、合成图像质量评价、合成视频质量评价研究，最后详细介绍立体视觉信号质量评价方法性能度量。第 2 章提出融合多层级语义特征的三维图像质量评价框架。考虑双目视觉特性和多层级视觉感知特性，设计融合多层级语义特征的三维图像质量评价模型。该模型使用孪生网络分别提取三维图像左右视图的低、中和高级语义特征，再分别融合不同层级语义特征，最后融合不同层级交互特征，通过非线性映射，得到三维图像质量分数。第 3 章提出基于弱监督学习的三维图像质量评价框架。针对有限训练集容易造成模型过拟合问题，进而降低模型的可扩展能力，且难以确定不同模型“真正的”优劣，提出基于弱监督学习的三维图像质量评价框架。为了解决数据量少的问题，构建大型三维图像质量评价数据集(仅包含粗粒度标签和伪标签),并在该数据集上使用排序学习训练不同的基准模型,探究当前主流三维图像质量评价模型性能优劣。进一步地,研究输入大小对模型的影响,以及三维图像对之间的视觉偏好约束和单视图预测约束对模型性能的影响。第4章提出融合局部感知和全局建模的合成图像质量评价方法。针对虚拟合成图像非均匀失真度量难问题,分别使用局部感知度量局部失真引起的质量变化和全局建模度量全局质量变化。其中,使用局部二值模式表征结构信息和颜色信息,感知局部变化;使用全局自然性度量全局变化;结合局部和全局变化度量,计算虚拟合成图像质量分数。第5章开展体验质量研究。本书考虑有限应用场景内的数据多样性,收集多视角合成视频数据,构建一个大规模真实场景下的体验质量评价数据集;提出从粗至细的两阶段主观数据标注法,节省约17%标注人力;结合多种稀疏采样策略,设计快速、有效的体验质量预测基准模型。其中,第2、3章的研究对象是三维图像,第4章的研究对象是合成图像,第5章的研究对象是自由视点视频。第6章提出方法总结与潜在的研究方向,总结本书的研究工作,并指出未来潜在的发展方向。

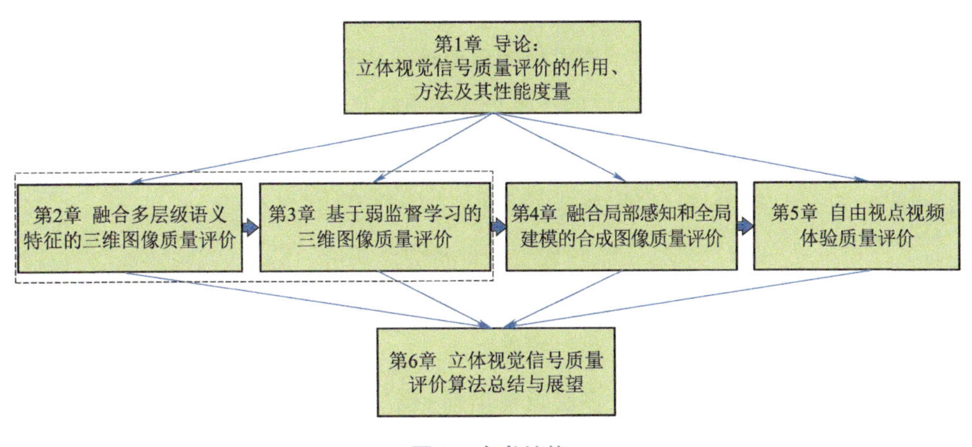

图1　本书结构

在本书编写过程中,参考了国内外众多研究者的工作,在此衷心感谢他们对立体视觉信号质量评价工作的贡献。

衷心希望本书能够给读者带来启发,引发更多有意义的研究工作。著者相信,立体视觉技术将得到进一步的发展,造福社会。由于著者水平有限,书中不妥和疏漏之处在所难免,欢迎广大读者批评指正。

著　者

2023年6月

目　录

第1章

导论：立体视觉信号质量评价的作用、方法及其性能度量

1.1 立体视觉信号质量评价的作用

多媒体信息管理在多媒体数据处理、资源分配、技术更新、系统优化和多媒体相关应用中起着至关重要的作用[1-3]，也是服务于当前经济社会的重要手段之一。随着移动互联网的快速普及和多媒体技术的快速发展，多媒体数据(大部分是图像和视频数据)已经成为人们生产、生活中不可或缺的元素，广泛出现在社会的各个方面，如视频监控、社交媒体、消费娱乐、健康医疗、远程教育、智慧交通等。各种新式多媒体如三维(3D)图像视频、虚拟现实(virtual reality，VR)、增强现实(augmented reality，AR)、超高清视频、裸眼3D、自由视点视频(free viewpoint video，FVV)等给消费者带来了全新的视觉体验。5G技术日益成熟也将进一步推动多媒体技术的发展与应用[4]。多媒体信息的管理主要是通过对多媒体数据的分析，即对数据体量、内容、结构等深入解析，获得数据内容成分及内容之间的潜在相关性，并全方位了解多媒体系统状态[5,6]，以便于后续的决策和处理。

伴随着多媒体的快速发展，多媒体信息管理也迎来了新的挑战。首先，多媒体数据源逐渐增加，主流的数据源包括城市监控平台、互联网直播、视频软件、移动设备、医学设备等，使得多媒体数据结构愈发复杂、形式更加多样，如何有效地处理和利用复杂多样的多媒体数据是多媒体信息管理的挑战之一。此外，随着越来越多先进的多媒体设备投入使用以及人们对消费体验的追求日益增加，多媒体数据体量呈现爆发式增长，并且已经成为互联网数据的主要形式[1]，如何高效地存储海量的多媒体数据也是多媒体信息管理中急需解决的问题。在整个多媒体处理系统中，如数据的采集、传输、处理等过程中，都可能出现数据的降质问题[7,8]，多媒体视觉质量评价技术可以作为解决上述问题的关键步骤。多媒体处理系统如图1.1所示。

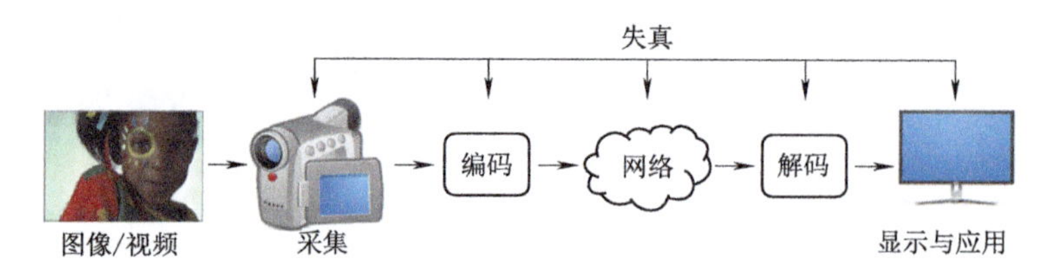

图 1.1 多媒体处理系统

在数据的采集过程中，由于采集设备的内在原因(如成像部件的缺陷)或人为因素(如手持拍摄设备时不稳定)和环境问题(如恶劣天气)等外在原因，设备获取的原始数据存在质量问题。在数据的传输中，数据在发送端首先需要经过编码压缩，传输到接收端后解码。由于编码技术的有损压缩操作或网络传输中网络不稳定造成的丢包，多媒体数据的视觉质量往往受到较大的影响[9-11]。在多媒体数据的处理中，如多曝光图像融合[11]、图像视频增强[12]和超分辨率重建[13]，由于处理算法本身的问题，处理得到的多媒体数据可能存在算法相关失真[14]。因此，多媒体数据质量是多媒体数据重要的特征。可以通过有效的质量评价算法，自动计算多媒体数据的质量，并对多媒体数据进行分类和过滤，将质量过低的多媒体数据自动清除，以节约存储成本并加快对高质量数据的处理速度。同时，质量评价算法可以用于指导多媒体处理算法的优化和多媒体系统的优化，实现算法或系统最优参数的选择。因此，多媒体数据质量评价研究具有重要的学术价值和应用价值。

在多媒体数据中，立体视觉信号占据着重要的地位，主要原因在于它们可以提供比二维平面数据更真实的沉浸式立体感[15]。立体视觉信号中最常见的是三维图像[16]，它广泛出现在人们的日常生活中，如 3D 游戏、3D 电影、综艺节目等。因为三维图像的观看视角固定，无法给用户提供任意视角，虚拟视角合成技术陆续被提出。最常见的虚拟视角合成方法是基于深度图的视角绘制(depth image based rendering，DIBR)，该方法生成的图像称为合成图像[17]。DIBR 技术生成的 FVVs 由多视点视频及合成的虚拟视角视频组成，可以为用户提供任意角度的视频，进而提供全新的交互式视觉体验。值得一提的是，FVV 系统在 2022 年北京冬奥会为全世界的观众提供了一场视觉盛宴。与其他多媒体数据一样[18,19]，立体视觉信号在生成、传输和使用时会不可避免地引入噪声，噪声的扰动对于沉浸式体验的影响很大，可决定相关应用和产品是否投入使用。此外，DIBR 技术得到的合成图像和 FVVs 的视觉质量也决定了 DIBR 技术的改进方向。因此，准确地度量立体视觉信号的失真程度对于立体视觉系统是非常重要的。在多媒体信息管理中，立体视觉信号质量评价的应用可以归纳为以下几点[20,21]：

（1）立体视觉信号筛选和检索。质量是立体视觉信号重要的特征，多媒体系统可根据信号的质量对它们自动筛选。另外，信号的质量也可作为检索系统的考虑因素。

（2）立体视觉信号获取。由于设备存在老化等问题，设备获取的初始视觉信号存在质量问题。管理者可以使用质量评价技术自动检测设备状态，获得问题反馈，避免不必要的资源浪费。另外，质量评价技术可以用于设备调试，以优化初始设置。

（3）立体视觉信号压缩。信号压缩是多媒体处理领域一个经典且主流的研究方向，因其重要的研究价值和应用价值而获得了学术界和工业界的广泛关注。质量评价算法可用于指导立体视觉信号的压缩。

（4）立体视觉信号处理。在立体视觉信号处理中，自动获取处理后的视觉信号质量对于算法性能比较和算法优化都至关重要。

1.2　立体视觉信号质量评价方法

视觉信号质量评价主要包括主观质量评价和客观质量评价。

1. 主观质量评价

主观质量评价是指开展大规模主观实验，即在一定的主观实验条件下，受试者按照既定的规则对视觉信号（图像或视频）进行打分。收集到受试者的评分数据之后，需要对受试者进行可信度评估。如果受试者被认定为异常，则该受试者的评分将被剔除，最终得到每张图像或每个视频的主观分数[22]。主观质量评价实验可以在特定的主观实验环境中进行，或者以众包的形式（无特定的主观实验环境）进行[23-26]。众包是指受试者直接通过在线的方式完成打分任务，受试者可来自世界各地且每个受试者的主观测试环境未知。众包的缺点在于受试者打分的可靠性相对于特定的主观实验环境有所降低，但是能较好地满足构建大规模主观数据集的需求，因此也成为当前质量评价研究者常用的主观实验方法。

主观分数的形式包括平均主观得分（mean opinion score，MOS）和平均主观得分差（difference mean opinion score，DMOS）。MOS 是指所有受试者的平均评分。DMOS 是指为了消除图像内容对主观分数的影响，对 MOS 进一步处理得到

的主观分数。MOS 和 DMOS 的定义为

$$s=\frac{\sum_{c=1}^{C}N^{(c)}s^{(c)}}{\sum_{c=1}^{C}N^{(c)}} \tag{1.1}$$

$$D_{z,n}=s_{nr}^{z}-s_{nd}^{z} \tag{1.2}$$

$$D_{z,n}^{'}=\frac{D_{z,n}-\min\{D_n\}}{\max\{D_n\}-\min\{D_n\}} \tag{1.3}$$

式(1.1)～式(1.3)中，C 表示主观分数的类别数，C 的值通常设置为 5，表示设置 5 档主观分数，如[1, 2, 3, 4, 5]；$s^{(c)}$ 表示第 c 类主观分数对应的分数值；$N^{(c)}$ 表示评分为 $s^{(c)}$ 的受试者人数；s 表示 MOS；s_{nd}^{z} 和 s_{nr}^{z} 分别表示第 z 个受试者给第 n 个失真视觉信号及其参考视觉信号（也称原始无失真视觉信号）的 MOS 值；D_n 表示受试者对第 n 个失真视觉信号及其参考信号打分的差值，第 n 个失真视觉信号的 DMOS 为 $D_{z,n}^{'}$ 的平均值。MOS 越大表示质量越好，DMOS 越大表示质量越差。为了统一表示，主观分数使用 s 表示。

主观质量评价可以很好地帮助研究者深入探索人类视觉系统（human visual system，HVS）对视觉信号质量的敏感特性，以及失真对视觉感知的影响，进而更好地设计符合 HVS 特性的质量评价模型。此外，主观质量评价构建的大规模主观数据集往往充当客观算法的评价基准，用于测试不同算法的性能。

2. 客观质量评价

不同于主观质量评价，客观质量评价是指借助客观算法自动预测视觉信号的质量。客观质量评价方法根据是否依赖参考视觉信号信息，可分成全参考（full-reference，FR）、半参考（reduced-reference，RR）和无参考（no-reference，NR）质量评价方法。FR 方法和 RR 方法分别指在计算视觉信号质量分数时需要全部参考信息和部分参考信息，NR 方法则指在计算视觉信号质量分数时不需要任何参考信息。由于在实际应用中参考信息往往不存在，因此 NR 方法得到了更多的关注和发展。

本书首先介绍二维图像质量评价（2D image quality assessment，2D-IQA）工作，随后详细介绍立体视觉信号质量评价研究工作，立体视觉信号包括三维图像、合成图像和合成视频。每部分内容将主要介绍 FR 方法和 NR 方法。为了简洁，FR 2D-IQA 方法和 NR 2D-IQA 方法分别缩写为 FR-IQA 方法和 NR-IQA 方法。

1.2.1 二维图像质量评价方法

1. FR-IQA 方法

(1)基于传统算法的 FR-IQA 方法。

最常用的 FR-IQA 算法是峰值信噪比(peak signal-to-noise ratio,PSNR)。给定参考图像 $\boldsymbol{I}_{\mathrm{r}}$和失真图像 $\boldsymbol{I}_{\mathrm{d}}$,其计算方式为

$$\mathrm{PSNR}(\boldsymbol{I}_{\mathrm{r}},\boldsymbol{I}_{\mathrm{d}})=10\lg\left(\frac{L^2}{\frac{1}{HW}\sum_{i=1}^{H}\sum_{j=1}^{W}(\boldsymbol{I}_{\mathrm{r}}(i,j)-\boldsymbol{I}_{\mathrm{d}}(i,j))^2}\right) \tag{1.4}$$

式中,L 表示像素最大取值,一般取值为 255;i 和 j 表示像素坐标;H 和 W 分别表示图像的高和宽。从式(1.4)可知,PSNR 是以点对点的方式计算每一个像素的失真程度,最后得到图像的全局失真程度。PSNR 因计算效率高且在某些失真(如压缩失真)上性能较好而被广泛使用,但它并没有考虑 HVS 对结构信息的敏感特性,通用性较差。Wang 等[27]考虑 HVS 对结构信息的敏感特性,提出结构相似性(structural similarity,SSIM)方法。SSIM 方法使用图像的亮度特征、结构特征和对比度特征衡量参考图像和失真图像之间的相似度作为失真图像的质量分数,其计算方式为

$$\begin{aligned}\mathrm{SSIM}(\boldsymbol{I}_{\mathrm{r}},\boldsymbol{I}_{\mathrm{d}})&=\frac{2\mu_{I_{\mathrm{r}}}\mu_{I_{\mathrm{d}}}+c_1}{\mu_{I_{\mathrm{r}}}^2+\mu_{I_{\mathrm{d}}}^2+c_1}\cdot\frac{2\sigma_{I_{\mathrm{r}}}\sigma_{I_{\mathrm{d}}}+c_2}{\sigma_{I_{\mathrm{r}}}^2+\sigma_{I_{\mathrm{d}}}^2+c_2}\cdot\frac{\sigma_{I_{\mathrm{r}}I_{\mathrm{d}}}+c_3}{\sigma_{I_{\mathrm{r}}}\sigma_{I_{\mathrm{d}}}+c_3}\\&=\frac{(2\mu_{I_{\mathrm{r}}}\mu_{I_{\mathrm{d}}}+c_1)(2\sigma_{I_{\mathrm{r}}I_{\mathrm{d}}}+c_2)}{(\mu_{I_{\mathrm{r}}}^2+\mu_{I_{\mathrm{d}}}^2+c_1)(\sigma_{I_{\mathrm{r}}}^2+\sigma_{I_{\mathrm{d}}}^2+c_2)}\end{aligned} \tag{1.5}$$

式中,μ 和 σ 分别表示图像局部区域像素均值和方差;c_1、c_2和 c_3分别表示三个常数,$c_2=2c_3$。关于 PSNR 和 SSIM 两种方法的比较可参考文献[28]和文献[29]。在“相似性”的基础上,研究者陆续提出基于传统算法的 FR-IQA 方法和基于深度学习的 FR-IQA 方法。

Wang 等[30]考虑到 HVS 的多尺度感知特性,在多个尺度下分别计算图像质量,并将多个尺度下计算得到的质量分数融合成最终的图像质量。Wang 和 Li[31]提出一种基于信息内容加权的结构相似性(information content weighted structural similarity,IWSSIM)方法,认为图像中信息内容丰富的区域更容易引起观察者的注意力,因而在计算图像失真时该部分区域的权重应该更大。进一步地,Wang 和 Simoncelli[32]将 SSIM 方法扩展至频率域,提出复杂傅里叶结构相似性(complex wavelet structural similarity,CW-SSIM)方法。Liu 等[33]认为梯度包含重要的视觉信息且对于场景理解非常重要,提出梯度相似性(gradient similarity,GSIM)算

法。GSIM在计算失真图像和参考图像的梯度相似度时，也考虑了视觉掩膜效应。类似于GSIM，Xue等[34]提出梯度幅值相似性偏差(gradient magnitude similarity deviation，GMSD)算法，该算法首先使用Prewitt算子将参考图像和失真图像转成梯度域，然后直接计算梯度特征图的相似性，最后使用相似性图的偏差作为失真图像的质量分数。Zhang等[35]提出特征相似性(feature similarity，FSIM)方法，该方法使用梯度信息和相位信息计算图像的失真。随后，Zhang等[36]将视觉注意力引入FR-IQA中，提出视觉显著性推导指标(visual saliency-based index，VSI)。VSI的核心思想是视觉失真会影响图像的显著性图，因而使用显著性图计算图像的失真，并且将显著性图用于加权不同区域得到最终的图像质量分数。Sheikh等[37]提出信息保真度(information fidelity criterion，IFC)指标来度量失真图像和参考图像之间信息的差异。Sheikh等[38]对IFC进行扩展，提出视觉信息保真度(visual information fidelity，VIF)模型。Laparra等[39]提出归一化拉普拉斯金字塔距离(normalized laplacian pyramid distance，NLPD)指标，它首先将图像转换成拉普拉斯金字塔表示，然后计算每个频率通道的差异，最后聚合所有的差异得到NLPD值。Larson和Chandler[40]认为HVS在判断图像质量时应该是多策略的而不是主流方法所使用的单策略，即HVS对于高质量图像会先尝试寻找图像中的失真区域而忽略图像本身(基于检测的策略)，而对于低质量图像会尝试忽略失真而寻找图像的主体内容(基于外观的策略)。基于此，他们提出基于多阶段策略的最显著失真(most apparent distortion，MAD)指标，使用局部亮度和对比度掩膜评估高质量图像区域感知失真，使用空域和频域分量局部统计变化度量低质量图像区域失真，并将两种策略组合得到MAD值。

(2)基于深度学习的FR-IQA方法。

Prashnani等[41]提出一种基于成对偏好学习的FR-IQA框架，称为PieAPP，该框架主要用于学习图像对之间视觉质量偏好的概率。Zhang等[42]将深度神经网络(deep neural network，DNN)特征表示引入FR-IQA模型中，并提出学习感知图像块相似性(learned perceptual image patch similarity，LPIPS)模型。LPIPS模型主要包括两个部分：①不同层级特征距离计算模块；②感知评价模块。特征距离计算模块用于计算比较图像块深度特征表示的欧几里得距离；感知评价模块为一个小型网络，将两组比较的距离作为输入，输出为感知评价结果。

(3)基于深度学习算法的FR-IQA方法。

Ding等[43]提出深度图像结构和纹理相似性(deep image structure and

texture similarity，DISTS）方法。DISTS 使用网络不同层级特征计算纹理和结构相似性，并将所有相似性计算融合得到最终的结果。随后，Ding 等[44]提出 DISTS 的改进版，将图像的局部性考虑在模型的构建中。关于 FR-IQA 模型性能的详细对比可参考文献[45]。

2. NR-IQA 方法

因 FR-IQA 模型在使用时依赖参考图像，而真实应用中参考图像往往不存在，即原始输出图像可能受到某种失真的影响，因此 FR-IQA 模型的应用范围有一定的限制。NR-IQA 模型可以直接用于预测失真图像的质量，关于 NR-IQA 模型的研究也一直是 IQA 领域的热点。根据建模方式可以将 NR-IQA 模型大致分成四类[7,14]：①自然场景统计（natural scene statistics，NSS）[46]；②直方图统计；③字典学习；④端到端深度学习。需要注意的是，直方图统计实际上属于 NSS 这一类。考虑到它们在描述分布时的策略不同，本书分别介绍基于这两种建模方式的模型。前三种建模方式重点在于手工设计特征，通常结合机器学习模型如支持向量回归（support vector regression，SVR）训练 NR-IQA 模型。第四种建模方式不需要手工设计特征，通过端到端的学习自动获得输入图像与质量分数的映射模型。

（1）基于 NSS 的 NR-IQA 方法。

NSS 是视觉感知领域的一门学科，它涉及场景有关的统计规律。NSS 是 NR-IQA 模型中广泛使用的一种方式，通过构建自然场景的统计规律，量化失真的引入对统计规律的影响。基于此，研究人员对 NR-IQA 进行了深入的研究。NSS 的一种特征提取方式是使用拟合分布的参数。Mittal 等[47]研究发现，视觉质量完好的图像亮度特征呈现广义高斯分布（generalized Gaussian distribution，GGD）。同时，相邻像素对的亮度值乘积呈现非对称广义高斯分布（asymmetric generalized gaussian distribution，AGGD）。作者使用 GGD 和 AGGD 模型的参数作为感知图像质量的特征，模型称为 BRISQUE。Gu 等[48]提出基于 NSS 和自由能机制的 NR-IQA 模型，类似于 BRISQUE，它使用图像亮度特征拟合的 GGD 模型的参数表示 NSS。Mittal 等[49]将 BRISQUE 的思想扩展至多元高斯（multivariate Gaussian，MVG）模型，称为 NIQE。NIQE 的建模方式与 BRISQUE 的建模方式一致，计算方式有所差别。Zhang 等[50]在 NIQE 的基础上提出 IL-NIQE，引入颜色特征、方向特征、频率特征以及结构特征。NSS 的另一种特征提取方式是使用拟合分布的概率值作为感知图像质量的特征。Fang

等[51]研究发现图像的矩特征(即均值、方差、峰度和偏态)和熵服从类高斯分布,提出使用各个分布的概率值表示对比度失真图像质量变化。

(2)基于直方图统计的 NR-IQA 方法。

虽然基于 NSS 的 NR-IQA 研究取得了较大的成功,但这类方法的可扩展性存在一定的问题。原因在于这类方法需要拟合视觉特征的分布,然后使用分布的参数作为最终的特征,而有些图像(如屏幕图像)的视觉特征无法使用某种分布去拟合。因此,研究人员提出使用直方图表示视觉特征分布。该类方法的优点在于通用性强,不需要建立在任何假设上。直方图计算方式可表示为

$$\boldsymbol{f}=(f_1,f_2,\cdots,f_v) \tag{1.6}$$

$$f_v=\frac{1}{HW}\sum_{i=1}^{H}\sum_{j=1}^{W}\Omega(\boldsymbol{F}(i,j),\boldsymbol{Q}(v)) \tag{1.7}$$

$$\Omega(a,B)=\begin{cases}1,a\in B\\0,a\notin B\end{cases} \tag{1.8}$$

式(1.6)~式(1.8)中,$\boldsymbol{f}$ 表示特征的向量表示;v 表示特征维度;F 表示图像的特征图;B 表示一个特征值集合,需人工设置;Ω 用于统计特征在各个区间的数量。

Xue 等[52]提出联合梯度幅值(gradient magnitude,GM)和高斯拉普拉斯(Laplacian of Gaussian,LOG)(GM-LOG)响应的 NR-IQA 模型,其中 GM 和 LOG 响应均属于局部对比度特征。基于直方图表示的特征提取方法也被成功地应用在其他内容图像上[53,54]。式(1.8)是将数值属于同一范围的特征聚合起来,当特征的取值从离散的变成固定的几个数值时,将变成直方图的另一种表示方法。具体而言,将式(1.8)中的集合 B 变成为一个数值 b,遍历统计特征图中值为 b 的像素个数即可得到特征表示。Li 等[55]提出联合结构统计特征和亮度统计特征的 NR-IQA 模型,称为 NRSL。对于亮度统计特征,NRSL 使用第一种直方图表示计算得到。对于结构统计特征,NRSL 首先使用旋转不变性局部二值模式计算结构特征图,特征图中每个像素的可能取值为[0,9]共 10 种。进一步地,NRSL 统计值为 0~9 的像素个数,并对幅值进行归一化操作。类似的方法可参考文献[56]和文献[57]。

(3)基于字典学习的 NR-IQA 方法。

该类方法的核心思想是学习到有代表性的原子组成字典,然后使用字典表示图像,将得到的稀疏系数作为视觉特征[58]。字典学习可表示为

$$\boldsymbol{I}=\boldsymbol{D}\boldsymbol{x}=\sum_{k=1}^{K}x_k\boldsymbol{d}_k \tag{1.9}$$

$$\| \boldsymbol{I} - \boldsymbol{D}\boldsymbol{x} \|_2 \leqslant \varepsilon \tag{1.10}$$

式(1.9)和式(1.10)中，$\boldsymbol{D}$ 表示学习到的字典；$\boldsymbol{d}_k$ 表示图像块或特征向量；K 表示字典中元素的数量；ε 表示误差项。式(1.9)和式(1.10)描述的是稀疏编码(sparse coding)，需要通过反复的学习迭代过程获得字典。字典学习的另外一种方式是构建码本。Ye 等[59]提出基于图像块码本的方法，称为 CORNIA。该方法首先将未标记的图像进行分解得到图像块并提取图像块局部特征，然后根据图像块局部特征使用 K-means 聚类方法生成码本，并利用码本获取图像的视觉特征表示。CORNIA 方法生成的码本不包含质量相关的标签。Xue 等[60]提出在构建码本时应该融入质量因素，该方法称为 QAC。构建码本时，QAC 首先使用 FR-IQA 方法[35]计算图像块的分数，并根据图像块的分数将图像块分成 10 类。在每一类图像块中，使用 K-means 聚类获得聚类中心，并将聚类中心对应的图像块作为码本。不同于 QAC 方法，Xu 等[61]提出通过计算图像块与码本之间的高阶统计特征差异来获得图像块的特征表达。

(4)基于端到端深度学习的 NR-IQA 方法。

上述三种特征建模方式均需要手工设计特征，而这类方法可以通过端到端学习自动获得图像特征表示，特征提取的核心是卷积神经网络(convolutional neural network，CNN)。该类方法可表示为

$$q = \mathrm{fc}(\mathrm{conv}(\boldsymbol{I})) \tag{1.11}$$

式中，$\boldsymbol{I}$ 表示输入图像或图像块；q 表示预测分数；conv 表示卷积层(convolutional layers，CLs)；fc 表示全连接层(fully connected layers，FCLs)。Kang 等[62]较早地提出基于 CNN 的 NR-IQA 模型，该模型仅包含一层 CL、一层池化层和两层 FCLs。Kim 等[63]提出一个基于两阶段训练的 NR-IQA 模型，称为 DIQA。该模型训练的第一阶段是获得客观误差图预测子模型，训练的第二阶段是获得质量预测模型。Yan 等[64]提出在 NR-IQA 模型中引入梯度图用于提升 NR-IQA 模型的图像质量表征能力，该模型包含两个分支，它们的输入分别为梯度图和测试图。为了解决 NR-IQA 模型跨失真能力弱的问题，Zhang 等[65]提出一个基于双线性池化(bilinear pooling)的模型，该模型包含两个分支，分别用于处理真实失真和合成失真，并将两个分支的输出联合进行质量预测。其中，用于处理真实失真的模块为 VGG16 模型[66]；用于处理合成失真的模块为一个浅层的 CLs。

大部分基于深度学习的 NR-IQA 模型是直接学习图像或图像块与质量分数之间的映射关系，核心是设计有效的 CNN 模块用于提取质量相关特征。此外，

研究人员还尝试使用其他方式来构建 NR-IQA 模型。Talebi 和 Milanfar[67]认为图像质量分数预测应该是一个概率问题，因而提出使用分数向量表示一张图像，提出的模型称为 NIMA。该模型使用 CNN 获得图像的特征表示，输出为一个 10 维的向量，分别表示分数为 1～10 的可能性，使用地球移动距离（earth mover's distance，EMD）作为损失函数。Li 等[68]认为图像高层语义信息能够有效地感知图像质量变化，提出基于语义特征聚合的 NR-IQA 方法。Ma 等[69]提出一个基于多标签学习的 NR-IQA 模型，使用多个 FR-IQA 模型生成图像的多标签数据。该模型将视觉质量的不确定性融入模型当中，通过图像数据扩增、伪标签计算以及排序学习得到最终的 NR-IQA 模型。

上述模型主要包括特征提取模块和分数预测模块，研究者也尝试引入其他模块用于辅助 NR-IQA 模型的训练。Pan 等[70]提出基于图像质量图预测任务的 NR-IQA 模型，该模型使用 U-Net[71]构建图像质量图预测模块，然后将该模块输出的质量图作为质量预测模块的输入，输出为质量分数。类似地，Lin 和 Wang[72]将图像复原任务引入 NR-IQA 模型中，该模型使用生成对抗网络（generative adversarial network，GAN）构建图像复原模块，该模块的生成模型是堆叠的 U-Net 框架，输出是复原图像。训练好图像复原模块之后，将图像复原模块的输出与测试图的差异图作为下一阶段图像质量预测模块的输入。Li 等[73]将差异图预测任务引入 NR-IQA 模型中，并将差异图预测模块的输出作为质量预测模块的输入。

上述研究是将其他模块直接融入 IQA 模型，此外，研究者也尝试将其他任务用于辅助 IQA 模型的训练，即多任务学习（multi-task learning，MTL）。比如，Kang 等[74]和 Ma 等[75]尝试使用图像失真类型预测任务辅助 IQA 任务；Yan 等[76]引入图像自然性预测任务用于辅助 NR-IQA 模型；Yang 等[77]将显著性预测任务引入 NR-IQA 模型。总体而言，2D-IQA 的发展较为成熟，被逐渐应用在其他研究中。

1.2.2 三维图像质量评价方法

不同于二维图像，一张三维图像包含一张左视图和一张右视图，如图 1.2 所示。观看三维图像时会存在双目视觉特性[78]，包括双目竞争和双目融合。双目竞争是指当左右视图内容不连续时，它们会交替着被 HVS 感知到，更极端的一种情况称为双目抑制，是指在一段时间内只有左视图或者右视图被 HVS 感知到；双目融合是指左右视图在 HVS 中自动融合成一张图。由于双目视觉特性的存在，直接将 2D-IQA 方法用于计算三维图像质量无法获得较好的结果[79]。

图 1.2　三维图像示例

FR 三维图像质量评价（stereoscopic image quality assessment，SIQA）（FR-SIQA）研究的重点是如何计算左右视图的视觉失真情况并融合得到三维图像的总体视觉质量。考虑到双目竞争机制，Chen 等[78]提出先通过立体算法将三维图像的左右视图合成一张二维图像，称为 Cyclopean 图像，再使用 FR-IQA 算法计算得到三维图像的质量分数。Wang 等[79]提出一种 FR-SIQA 方法，包括两个步骤：首先使用基于归一化和信息内容加权的 SSIM 算法计算单视图的视觉质量评价；然后使用一个双目竞争机制启发的多尺度融合策略，将单视图质量分数转化成三维图像的质量分数。Shao 等[80]提出将三维图像分割成非对应区域、双目融合区域和双目抑制区域，并使用局部相位信息和局部幅值计算这些区域的失真情况，最后融合得到三维图像的质量分数。Shao 等[81]使用稀疏特征相似性和全局亮度相似性来度量三维图像的视觉质量。Khan 和 Channappayya[82]认为观看三维图像时显著信息主要来源于单一视图，少部分来源于深度信息，因此使用显著边缘图加权单视图亮度质量图和深度质量图，最后融合亮度质量分数和深度质量分数得到三维图像的质量分数。

NR-SIQA 方法主要包括两种：①基于传统算法的 NR-SIQA 方法；②基于深度学习的 NR-SIQA 方法。NSS 建模方式也广泛应用于早期的 NR-SIQA 模型中。Chen 等[83]提出一种基于 NSS 特征的 NR-SIQA 模型，该模型首先通过立体算法将左右视图合成一张 Cyclopean 图像，提取该图像的亮度 NSS 特征；然后计算三维图像的视差图和不确定性图，分别拟合视差图和不确定性图并提取 NSS 特征。Ryu 等[84]使用局部模糊强度、块效应和视觉显著信息来计算三维图像的失真程度。Zhou 和 Yu[85]提出联合双目能量响应（binocular energy response，BER）和双目竞争响应（binocular rivalry response，BRR）以及局部模式的 NR-SIQA 模型。具体而言，先将三维图像转换成 BER 特征图和 BRR 特征图，然后计算 BER 特征图的局部幅值模式和 BRR 特征图的广义局部方向模式作为特征。Yue 等[86]提出基于自然性、结构特征和双目非对称性的 NR-SIQA 模型。其中，自然性对应左右视图的 NSS 特征；结构特征来自左右视图合并图的灰度共生矩阵；双目非对称性来自左右视图的差异图。考虑到双目视觉特性，Fang 等[87]提出融合双目视觉特征和单目视觉特征的 NR-SIQA 模型。其中，双目视觉特征为三维图像的结构特征和深度特征；单目视觉特征为左右视图的亮度 NSS 特征。与上述方法[83][86]使用拟合分布的参数作为视觉特征不同，Fang 等[87]提出的方法使用直方图表征特征图，其定义如式（1.6）～式（1.8）所示。Shen 等[88]提出使用模糊强度、噪声强度和块效应度量三维图像质量。Sim 等[89]提出联合深度语义特征和传统特征感知三维图像质量变化。

得益于有效的特征表达，基于深度学习的 NR-SIQA 模型的表现逐渐超越基于传统算法的 NR-SIQA 模型。Lv 等[90]受双目视觉理论的启发，提出基于双目自相似性和双目融合指标的 NR-SIQA 方法。双目自相似性是指参考左视图和合成左视图的相似性；双目融合指标是指根据左右视图的变化能量融合左右视图的预测分数得到三维图像的质量分数。Zhang 等[91]提出一个单通道 CNN 和一个三通道 CNN 用于三维图像的质量预测。其中，单通道 CNN 的输入为左右视图差异图的图像块，包含两个 CLs 和两个 FCLs；三通道 CNN 的输入为左视图的图像块、右视图的图像块和差异图的图像块，三种输入分别输入一个单通道 CNN 中。在输入 FCLs 之前，将分别来自三个单通道 CNN 的特征组合，共同表征三维图像。Oh 等[92]将 SIQA 看成一个局部质量表示到全局质量表示的问题，并提出基于局部到全局的 NR-SIQA 模型。该模型的局部质量表示是通过构建一个端到端学习的三维图像块质量预测子模型完成的，该子模型的输入和输出分别为堆叠的左右视图块和使用 FR-SIQA 模型计算得到的分数；该模型的全局质量表示是将左右视图块的视觉特征聚合成三维图像的全局表达，并作为最终分数预测模块的输入。受 HVS 中的双目竞争机制[78]和大脑内在推导机制[93]的启发，Fang 等[94]提出一种基于双通道融合的 NR-SIQA 模型，该模型包括一个权值共享网络，其设计思路来源于 VGG16[66]，包含堆叠式的卷积层。左右视图分别输入权值共享网络，将对应的输出融合，并进一步转化成三维图像的质量分数。Yang

等[95]提出使用自编码器学习 Cyclopean 图像、融合（Summation）图像和差异（Difference）图像的特征表示，并针对 Cyclopean 图像以及 Summation 图像和 Difference 图像分别训练 SVR，三维图像的最终分数为两个 SVR 输出分数的加权和。Zhou 等[96]提出一个多层级交互的 NR-SIQA 网络模型，该模型包含一个权值共享的模块、一个特征交互模块和一个质量预测模块。其中，权值共享模块用于获得左右视图的低层级和高层级特征；特征交互模块用于融合双目特征；质量预测模块用于将双目特征映射为质量分数。Kim 等[97]将视差预测任务引入三维图像视觉舒适度预测任务中，提出双目融合深度网络（binocular fusion deep network，BFN）。BFN 的核心是空间特征编码模块，用于获取三维图像不同感受野的特征，并将左右视图不同感受野的特征逐渐融合，形成三维图像最终的特征表达，最终的特征表达同时用于三维图像舒适度的预测和视察图的预测。类似于文献[91]，Shi 等[98]提出一个单通道和一个三通道 NR-SIQA 模型，与该模型[91]的不同之处在于引入了失真分类任务用于辅助质量评价任务。Zhou 等[99]提出基于深度融合网络（deep fusion network，DFNet）的 NR-SIQA 模型。DFNet 包括一个特征提取模块、一个特征融合模块和一个质量预测模块，特征提取模块用于提取左右视图中级特征和高级特征；特征融合模块先融合左右视图的中级特征，然后进一步融合左右视图的高级特征；质量预测模块将左右视图的融合特征转换成预测的质量分数。受到双目竞争机制和预测编码理论启发，Xu 等[100]提出一个两阶段 NR-SIQA 算法。其中，第一阶段是训练一个编解码网络，用于预测左右视图的似然图、先验图；第二阶段是将左右视图、似然图和先验图作为质量评价模型的输入，输出为质量分数。Zhou 等[101]受双目视觉特性中的双目融合和双目竞争机制启发，提出一个基于双通道深度网络的 NR-SIQA 模型。其中，该模型使用一个特征提取网络获得浅层、中层和高层的特征并组合，再使用一个特征融合网络进一步融合不同层级的特征，最后使用融合策略融合左右视图的质量分数。总体而言，SIQA 研究取得了明显的进展，在现有数据集上的性能逐渐趋于饱和。但其发展空间依然很大，主要原因在于公开数据集中数据不足。

1.2.3　合成图像质量评价方法

一般而言，三维图像中的左右视图视差是固定的，为了获得任意视点数据，DIBR 技术应运而生。DIBR 技术需要纹理图和对应的深度图，通过变形（warping）和绘制（rendering）两种操作，生成其他视点的图像，称为合成图像[17]。DIBR技术示例如图1.3所示。以参考视点图像中的像素 p_r 为例，Warping将借助参考视点图像的深度信息将 p_r 投影至真实世界的 p 点，然后将真实世界中的 p 点投影至虚拟视点平面像素 p_v。假定 $p=(x_p, y_p, z_p)$，$p_r=(u_r, v_r, 1)$ 和 $p_v=(u_v, v_v, 1)$，Warping的数学表达式[102-104]为

$$\lambda_r p_r = \boldsymbol{K}_r \boldsymbol{R}_r \begin{pmatrix} x_p \\ y_p \\ z_p \end{pmatrix} - \boldsymbol{K}_r \boldsymbol{T}_r \tag{1.12}$$

$$\lambda_v p_v = \boldsymbol{K}_v \boldsymbol{R}_v \begin{pmatrix} x_p \\ y_p \\ z_p \end{pmatrix} - \boldsymbol{K}_v \boldsymbol{T}_v \tag{1.13}$$

式中，$\boldsymbol{K}_r$、$\boldsymbol{R}_r$、$\boldsymbol{T}_r$ 和 λ_r 分别表示真实相机的内参矩阵、旋转矩阵、平移矩阵和缩放系数；$\boldsymbol{K}_v$、$\boldsymbol{R}_v$、$\boldsymbol{T}_v$ 和 λ_v 分别表示虚拟相机的内参矩阵、旋转矩阵、平移矩阵和缩放系数。根据式(1.12)和式(1.13)，投影至虚拟视点平面上的像素 p_v 的坐标计算公式为

$$\lambda_v p_v = \boldsymbol{K}_v \boldsymbol{R}_v (\boldsymbol{K}_r \boldsymbol{R}_r)^{-1} (\lambda_r p_r + \boldsymbol{K}_r \boldsymbol{T}_r) - \boldsymbol{K}_v \boldsymbol{T}_v \tag{1.14}$$

需要注意的是，Warping过程中存在非掩蔽区域，该区域是指在参考视点是无法观察到的，而在虚拟视点是能观察到的。如图1.3中绿色虚线标注的区域即为非掩蔽区域。Rendering过程是对虚拟视点合成图像中的非掩蔽区域进行填补，尽可能地还原出该区域“真实”的图像内容。合成图像中还存在映射重叠区域和细小裂纹区域[104]，映射重叠区域是由于从参考视点图像投影至虚拟视点图像时映射点出现重合导致的，而细小裂纹区域主要是由于深度信息不准确所导致的。总体而言，DIBR技术引入的失真呈现非局部均匀分布，不同于IQA研究中均匀分布的模拟失真。针对DIBR引入的非局部均匀分布的问题，研究者陆续提出一系列合成图像质量评价（synthesized image quality assessment，SYIQA）客观模型，包括FR/RR-SYIQA方法和NR-SYIQA方法。

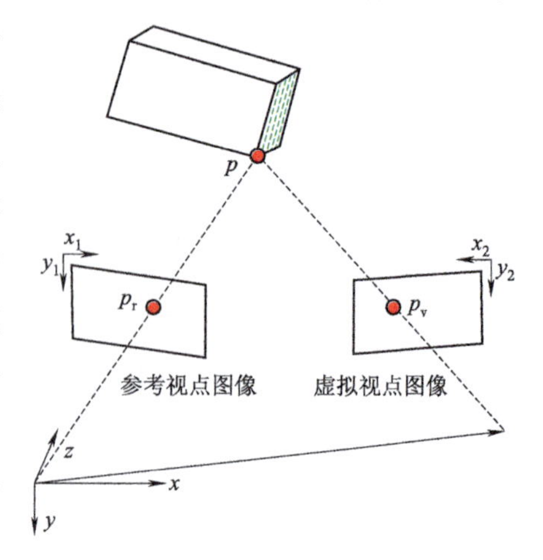

图1.3 DIBR技术示例

(1)FR/RR-SYIQA 方法。Bosc 等[105]较早地开展了关于 SYIQA 研究工作，并基于 SSIM 算法提出一种 FR-SYIQA 方法。该方法首先检测出合成图像中非掩蔽区域，然后使用 SSIM 计算该区域的相似性，使用相似性的平均值作为合成图像的质量分数。Conze 等[106]提出一种视图合成质量评价(view synthesis quality assessment，VSQA)方法，该方法的出发点是视觉失真与空域特征高度相关并且与纹理复杂性、梯度方向多样性和高对比度显著相关。因此，VSQA 方法首先计算合成视角图像和参考视角图像的 SSIM 质量图，然后计算纹理、梯度和对比度权重图，一起用于加权 SSIM 质量图，得到合成图像的质量分数。Stankovic 等[107]提出形态学金字塔峰值信噪比(morphological pyramid PSNR，MP-PSNR)方法，该方法主要包括两个阶段：第一阶段使用带通金字塔分解获得图像不同尺度的特征图；第二阶段计算不同尺度特征图的均方误差，并将所有尺度特征图的均方误差转换成 PSNR 值，即为 MP-PSNR。之后，Stankovic 等[108]将 MP-PSNR 扩展至半参考版本，称为 MP-PSNRr。相比于 MP-PSNR，MP-PSNRr 仅计算高尺度的特征图的 PSNR 值。类似地，Stankovic 等[109]提出基于形态小波峰值信噪比(morphological wavelet PSNR，MW-PSNR)方法及其半参考版本 MW-PSNRr。不同于 MP-PSNR 和 MP-PSNRr，MW-PSNR 和 MW-PSNRr 使用形态学小波变换表征合成图像和参考图像。Battisti 等[110]提出一种 3D 合成图像质量评价方法(3D synthesized view image quality metric，3DSwIM)，该方法包括六个步骤。第一步是对合成图像和参考图像进行分块操作，该方法是基于块失真计算的方法；第二步是对齐操作，用于检测合成图像和参考图像匹配块和非匹配块；第三步是皮肤检测，用于检测每一个匹配块中是否包含脸、脖子等身体部位的失真；第四步是哈尔小波变换，用于计算块的失真；第五步是直方图计算，得到块的质量分数；第六步融合块的分数得到合成图像的分数。Li 等[111]提出一种基于非掩蔽区域局部几何失真和全局清晰度(local geometric distortions in disoccluded regions and global sharpness，LOGS)的方法。首先使用基于 SIFT 变形算法检测非掩蔽区域，使用该区域的大小和失真强度计算局部质量分数；然后使用重模糊策略计算全局清晰度；最后将局部分数和全局清晰度融合得到分数。

(2)NR-SYIQA 方法。Zhou 等[112]提出使用局部轮廓信息和全局外观信息度量合成图像质量变化。其中，作者首先定位合成图像轮廓区域并使用离散正交矩特征捕捉局部失真，同时通过超像素表征获得合成图像全局质量变化。Gu 等[113]提出一种 NR-SYIQA 方法，称为自回归加阈值(autoregression plus thresholding,APT)方法。APT 方法首先使用自回归操作得到一张合成图像的预测图,并计算预测图和合成图的差异图,然后结合显著性检测方法得到合成图像的质量分数。Tian 等[114]提出基于开运算和闭运算的 NR-SYIQA 方法,称为 NIQSV。首先,将合成图像转成 YCbCr 颜色空间,分别在三种颜色空间执行开运算和闭运算,得到的结果图分别与相应的颜色通道图计算差异图。然后,通过膨胀和腐蚀操作计算得到边缘图。最后,融合差异图和边缘图得到合成图像的质量分数。进一步地,Tian 等[115]在 NIQSV 的基础上加上局部的黑洞和拉伸扭曲失真度量,提出 NIQSV+方法。Wang 等[116]提出通过计算纹理失真和几何失真得到合成图像的质量分数,在计算每类失真时均包含从粗到细的尺度。Gu 等[117]提出局部自相似性度量合成图像的几何失真,并使用多尺度结构统计规律获取合成图像的结构失真。关于 SYIQA 研究的详细介绍可参考文献[118]。总体而言,SYIQA 研究与 DIBR 合成算法紧密相关,对客观模型的可扩展性挑战较大。

1.2.4 合成视频质量评价方法

由 DIBR 技术生成的视频称为合成视频。DIBR 视角绘制过程会在虚拟视角合成图像的非掩蔽区域引入局部失真,这些不规则局部失真的时域不连续性造成的时域闪烁效应则是合成视频中最主要的失真。为了区分单一视角合成视频和多视角合成视频,本书将单一视角合成视频简单称为合成视频,将多视角合成视频称为 FVVs。Bose 等[119]较早地提出了一个合成视频质量评价(synthesized video quality assessment,SVQA)数据集,其合成视频来源于三个原始视频及对应的深度视频。文献[119]中的实验结果表明,针对普通 2D 视频设计的质量评价模型无法准确地预测合成视频的质量。Liu 等[120]构建了一个包含 140 个合成视频的数据集,合成视频来源于 10 个原始视频,通过 DIBR 技术生成。Katsenous 等[121]提出一个合成视频纹理数据集用于研究视频压缩问题。文献[119]和文献[120]均是针对 2D 合成视频,视频内容与单个摄像头拍摄的 2D 视频类似。不同于文献[119]和文献[120],Bose 等[122]构建了一个 FVV 体验质量(Quality of Experience,QoE)评价数据集,该数据集包含 102 个 FVVs,来源于六种不同内容视频,FVVs 不存在视角的变化。Ling 等[123]构建的 FVV QoE 数据集包含 120 个视频,来源于三种不同内容视频,包含视角的变化和物体的运动。除了 SVQA 数据集,研究者针对合成视频提出一系列客观模型,包括 FR-SVQA 方法和 NR-SVQA 方法。

(1)FR-SVQA 方法。Liu 等[120]提出了一种基于时序闪烁度量和时空活跃度计算的 FR-SVQA 方法，该方法使用时序梯度向量捕捉运动的前景目标，度量时序闪烁造成的失真；使用时空活跃度的原因在于纹理图的压缩会对合成视角造成模糊和块效应，模糊会降低时空活跃度，而块效应则会加强时空活跃度，其计算方式主要依赖每个像素的水平和竖直方向的梯度，并将像素级的梯度值融合成视频序列级的梯度值。最后，融合时序闪烁度量和时空活跃度计算得到最终的合成视频质量分数。Sun 等[124]提出使用帧失真和块边缘失真来计算合成视频的视觉质量。其中，帧失真包括块内容亮度失真和对比度失真；块边缘失真包括块水平方向和竖直方向的边缘失真。Kim 等[125]提出一种 FR-SVQA 方法，首先利用光流法对相邻帧进行像素间匹配，计算匹配像素之间的距离，对距离设定阈值检测闪烁区域；然后定义相邻帧闪烁区域的结构相似度为待测帧的失真；最后将待测帧的闪烁区域像素点个数与视频中所有帧的闪烁区域像素点个数的比率定义为待测帧失真的权重，通过权重加权每一帧失真获取待测视频的客观分数。Huang 等[126]提出使用几何失真度量和时空不连续度量共同刻画合成视频质量。其中，几何失真是通过计算非掩蔽区域的错误图实现的；对于时空不连续，首先将视频帧转成梯度域和拉普拉斯高斯域，然后计算合成视频和参考视频的一阶相似性和二阶相似性；最后融合几何失真、一阶相似性和二阶相似性得到合成视频的质量分数。Zhang 等[127]提出基于稀疏表示的 SVQA 方法。Stankovic 等[128]引入形态学多尺度计算用于预测合成视频质量。Ling 等[129]提出一种 FVV QoE 评价方法，该方法针对自由视点视频中的非均匀时空失真，通过定位显著运动路径并计算时域结构失真，度量 FVV QoE 变化。

(2)NR-SVQA 方法。Zhou 等[130]认为 DIBR 引入的噪声导致的时序不连续即闪烁是合成视频的主要失真类型，因而提出基于闪烁检测的 NR-SVQA 方法。该方法主要包含两步：基于块梯度变化的闪烁区域检测；检测的候选闪烁区域精细化调整。在定位闪烁区域之后，使用奇异值分解计算闪烁区域失真。最后整合所有帧的质量分数，得到合成视频的质量分数。Wang 等[131]提出结合空域失真度量和时域失真度量的 NR-SVQA 方法。考虑到 DIBR 技术引入的几何失真会增加虚拟视点合成帧的高频信息，Wang 等[131]使用高频信息能量度量空域失真；考虑到由时域不连续性带来的闪烁问题是合成视频中最令人反感的噪声，Wang 等使用连续帧的运动差异来量化时域不连续性。计算运动差异时，首先计算相邻帧的光流获取运动信息，然后使用 SSIM 算法计算运动信息的相似性。Ling 等[132]考虑到 FVV QoE 评价公开数据集数据不足的问题，提出基于生成对抗网络(generative adversarial network,GAN)的解决方案。该方案使用 GAN 生成虚拟合成图像,模拟 DIBR 过程中由于非掩蔽区域存在而导致的失真;并使用判别网络作为特征提取器,用于构建 FVV QoE 码本并提取 FVV 特征,使用 SVR 训练 FVV QoE 评价模型。总体而言,当前针对 FVV QoE 评价的研究存在两个主要的问题:①公开数据集数据内容简单,规模较小;②客观模型较少,且性能提升空间较大。

1.3 立体视觉信号质量评价方法性能度量

本小节分别介绍公开的 SIQA、SYIQA 和 SVQA 数据集,以及常用的评价指标。

1. 公开数据集

(1)SIQA 数据集。

现有的公开 SIQA 数据集包括 LIVE 3D Image Quality Database Phase Ⅰ[133]、Ⅱ[78,83](分别简称为 LIVE 3D Phase Ⅰ和 LIVE 3D Phase Ⅱ)和 Waterloo IVC 3D Phase Ⅰ、Ⅱ[79](分别简称为 Waterloo Phase Ⅰ和 Waterloo Phase Ⅱ)。LIVE 3D Phase Ⅰ数据集和 LIVE Phase 3D Ⅱ数据集由美国奥斯汀大学德州分校的 LIVE 实验室在 2013 年构建。LIVE 3D Phase Ⅰ数据集由 20 张参考图像和 365 张对称失真图像构成,失真类型包括 JPEG2000 压缩(JP2K)、JPEG 压缩(JPEG)、高斯白噪声(Gaussian noise,GN)、快衰落(fast fading,FF)和高斯模糊(Gaussian blur,GB)。其中,JP2K、JPEG、GN 和 FF 各对应 80 张失真图像,GB 对应 45 张失真图像。数据集以 DMOS 的形式提供每张失真图像的主观分数。除此之外,该数据集还提供每张参考图像对应的深度图及视差图。LIVE 3D Phase Ⅱ数据集由 8 张参考图像和 360 张失真图像构成,图像的失真类型与 LIVE 3D Phase Ⅰ数据集一致,每种失真类型对应 72 张图像。与 LIVE 3D Phase Ⅰ数据集不同,LIVE 3D Phase Ⅱ数据集提供了对称和非对称失真的三维图像。其中,对称失真图像 240 张,非对称失真图像 120 张。需要注意的是,非对称失真是指左右视图的降质情况不一致,如左右视图的失真类型不一样或失真类型一样而失真程度不一样。Waterloo Phase Ⅰ和 Phase Ⅱ数据集由加拿大滑铁卢大学在 2015 年构建。Waterloo Phase Ⅰ数据集由 78 张失真单视图和 330 张失真三维图像构成,失真图像由 6 张参考三维图像生成,失真类型包括 GN、GB

和 JPEG 三类，每种失真类型对应四个失真等级。Waterloo Phase Ⅱ 数据集由 130 张失真单视图和 460 张失真三维图像构成，失真图像由 10 张参考三维图像生成，图像的失真类型及失真程度与 Waterloo Phase Ⅰ 数据集一致。现有 SIQA 数据集的三维图像示例如图 1.4 所示，现有 SIQA 数据集总结见表 1.1。

图 1.4　现有 SIQA 数据集中三维图像示例

表 1.1　现有 SIQA 数据集总结

数据集	年份	#Src	#Dis	标注	分辨率	失真类型
LIVE Phase Ⅰ	2013	20	365	DMOS	640×360	JPEG, JP2K, GB, GN, FF
LIVE Phase Ⅱ	2013	8	360	DMOS	640×360	JPEG, JP2K, GB, GN, FF
Waterloo Phase Ⅰ	2015	6	330	MOS	1 920×1 080	JPEG, GB, GN
Waterloo Phase Ⅱ	2015	10	460	MOS	1 920×1 080	JPEG, GB, GN

注：#Src 表示参考图像数量；#Dis 表示失真图像数量。

(2)SYIQA 数据集。

现有的公开 SYIQA 数据集主要包括三个。①IETR DIBR 数据集[105]，由法国国立应用科学学院在 2011 年构建，包含由七种 DIBR 算法的生成 150 张合成图像，来源于 10 个多视角序列。数据集采用绝对分类评分法进行主观实验，43 个非 SYIQA 研究领域的受试者参与，主观分数以 DMOS 的形式提供。IETR DIBR 数据集是 SYIQA 研究领域最早的公开数据集，也是 SYIQA 最常用的数据集。②MCL-3D 数据集[134]，由西安电子科技大学在 2015 年建立，包含 693 张合成立体图像，来源于九张参考图像及对应的深度图。图像分辨率包括 1 024×768 和 1 920×1 080，前一种分辨率对应 1/3 的合成图像，后一种分辨率对应 2/3 的合成图像。失真类型包括 GB、WB、下采样模糊、JPEG、JP2K 和传输错误，噪声加在彩色图或深度图上。数据集采用成对比较的方式进行主观实验，34 个专业人员和 236 非专业人员共 270 个受试者参与，以 MOS 的形式提供主观分数。

③IRCCyN/IVC数据集[135]，由法国国立应用科学学院在2019年构建，共包含12张参考图像和由七种DIBR算法生成的84张合成图像。数据集采用连续评分法进行主观实验，受试者可以比较不同的失真图像，21个受试者参与，主观分数以MOS的形式提供。现有SYIQA数据集[105]中参考图像示例如图1.5所示，现有SYIQA数据集总结见表1.2。

图1.5 现有SYIQA数据集中参考图像示例

表1.2 现有SYIQA数据集总结

数据集	年份	#Src	#Sy	标注	分辨率	#DIBR
IRCCyN/IVC	2011	12	84	MOS	1 024×768	7
MCL-3D	2015	9	693	MOS	1 024×768, 1 920×1 080	1
IETR DIBR	2019	10	150	DMOS	1 024×768, 1 920×1 088	7

注：#Sy表示合成图像数量；#DIBR表示DIBR算法数量。

(3)SVQA数据集。

现有的公开SVQA数据集主要包括四个。①Bosc11数据集[119]，由法国国立应用科学学院在2011年构建，包含由七种DIBR算法生成的84个合成视频。参考视频来源于三个多视角序列，每个序列对应四个不同的视角。数据集采用绝对分类评分法进行主观实验，主观分数以MOS的形式提供。②Bosc13数据集[122]，由法国国立应用科学学院在2013年构建，采用七种深度图压缩方法处理深度图，由两种DIBR算法的生成276个合成视频，来源于六个多视角序列。数据集采用绝对分类评分法进行主观实验，27个受试者参与，主观分数以MOS和DMOS的形式提供。③SIAT 数据集[120]，由西南交通大学和中国科学院深圳先进技术研究院于 2015 年构建，主要研究纹理图压缩和深度图压缩对 DIBR 结果的影响。由一种 DIBR 算法生成的 140 个合成视频，来源于 10 个多视角序列。数据集采用绝对分类评分法进行主观实验，主观分数以 DMOS 的形式提供。④IPI-FVV 数据集[123]，由法国南特大学在 2019 年构建。不同于其他 SVQA 数据集(视角固定)，该数据集研究不同的视角切换方式对 FVV QoE 的影响，因此 FVVs 视角不是固定的。由两种 DIBR 算法生成 120 个 FVVs，来源于三个多视角序列。数据集采用绝对分类评分法进行主观实验，主观分数以 MOS 和 DMOS 的形式提供。现有 SVQA 数据集中 FVVs 帧示例如图 1.6 所示，FVVs 视角切换轨迹示例如图 1.7所示，现有 SVQA 数据集总结见表 1.3。

图 1.6　现有 SVQA 数据集中 FVVs 帧示例

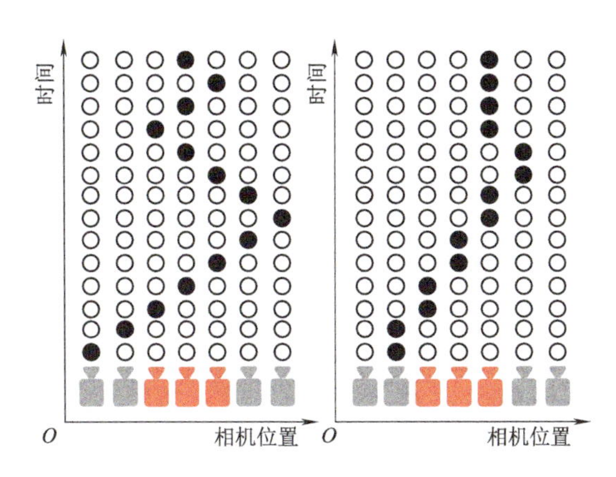

图 1.7　FVVs 视角切换轨迹示例

表 1.3　现有 SVQA 数据集总结

数据集	年份	#Src	#Dis	#Cam	#Spe	#Nav	#Dur	标注	分辨率	#DIBR
Boscl1	2011	3	84	1	1	None	6	MOS	1 024×768	7
Boscl3	2013	6	276	7～16	1	1	6	MOS，DMOS	1 920×1 080，1 024×768	2

续上表

数据集	年份	#Src	#Dis	#Cam	#Spe	#Nav	#Dur	标注	分辨率	#DIBR
SIAT	2015	10	140	1	1	None	6，8	DMOS	1 920×1 088，1 024×768	1
IPI-FVV	2019	3	120	2～5	1	3	5，10	MOS，DMOS	1 280×768，1 280×960	2

注：#Cam 表示摄像头数量；#Spe 表示视角切换速度；#Nav 表示观看轨迹数量；#Dur 表示视频持续时间，单位为秒(s)。

2. 常用的评价指标

常用的评价指标包括两个：皮尔逊线性相关系数(Pearson linear correlation coefficient，PLCC)和斯皮尔曼等级相关系数(Spearman rank-order correlation coefficient，SRCC)。PLCC 用于计算预测结果与主观分数的相关性，SRCC 用于计算 IQA 模预测结果的单调性。PLCC 和 SRCC 越大表示模型性能越好。PLCC、SRCC 计算方式为

$$\mathrm{PLCC}=\frac{\sum_{i=1}^{N}(s_i-\bar{s})(q_i-\bar{q})}{\sqrt{\sum_{i=1}^{N}(s_i-\bar{s})^2\sum_{i=1}^{N}(q_i-\bar{q})^2}} \tag{1.15}$$

$$\mathrm{SRCC}=1-\frac{6\sum_{i=1}^{N}\widehat{d}_i^2}{N(N^2-1)} \tag{1.16}$$

式(1.15)和式(1.16)中，s_i和q_i分别表示第i张图像的主观质量分数及客观质量分数；$\bar{s}$和$\bar{q}$分别表示主观质量分数平均值和客观质量分数平均值；N表示样本数量；$\widehat{d}_i$表示第i张图像主观质量分数排名与客观质量分数排名的差值。需要注意的是，计算 PLCC 之前，一般会使用一个四参数回归函数将预测分数映射到与主观分数同一个空间，计算方式为

$$q(s)=\frac{\beta_1-\beta_2}{1+\mathrm{e}^{[-(s-\beta_3)/\beta_4]}}+\beta_2 \tag{1.17}$$

式中，$(\beta_1,\beta_2,\beta_3,\beta_4)$为需要拟合的参数；$s$和$q(s)$分别表示主观分数和回归函数处理之后的主观分数。

小　结

本章主要介绍了多媒体信息管理领域的背景和意义，以及相关的研究现状。

多媒体数据在现代社会中的广泛应用和快速发展对多媒体信息管理提出了新的挑战。随着多媒体数据源的增加和多样化，多媒体数据的结构和形式变得更加复杂。有效地处理和利用这些复杂多样的多媒体数据成为管理的重要任务之一。此外，随着多媒体数据体量的爆发式增长，如何高效地存储海量的多媒体数据也成为急需解决的问题。在整个多媒体处理系统中，数据的采集、传输、处理等过程中可能会出现数据的降质问题。因此，多媒体视觉质量评价技术变得至关重要，它可以作为解决多媒体数据降质问题的关键步骤。本章还介绍了多媒体信息管理领域的研究现状，包括二维图像质量评价、三维图像质量评价、合成图像质量评价和合成视频质量评价等方面的研究进展。最后，本章还提及了公开数据集和评价指标的重要性，并对本书后续章节的研究内容和技术路线进行了概述。综上所述，本章主要介绍了多媒体信息管理的背景、意义和研究现状，并为后续章节的内容和技术路线奠定了基础。

第 2 章

融合多层级语义特征的三维图像质量评价

2.1 现有三维图像质量评价方法简介

近年来，虽然有基于传统手工特征的 NR-SIQA 模型陆续被提出，且在现有数据集上的性能逐渐提升，但随着 DNN 在多媒体处理领域的广泛应用，DNN 逐渐成为 NR-SIQA 模型的设计手段。根据建模方式的不同，基于 DNN 的 NR-SIQA 模型可以分成三类：①结合传统手工特征和全连接网络的模型[90]；②基于全连接网络特征学习和浅层回归方法的模型[95]；③基于端到端学习 CNN 的模型[91,93]。第一类模型受限于传统手工特征较弱的表达能力以及依赖先验知识计算所得的分数与全连接网络所得的分数之间潜在的非线性关系，性能相对较差；第二类模型通过全连接网络自动学习三维图像的特征表达，能够获得比第一类模型更具表达能力的特征。然而，由于特征学习和质量回归这两阶段是分离的，其性能逐渐被基于 CNN 的 NR-SIQA 模型超越。当前，基于 CNN 的 NR-SIQA 模型要么将左右视图一起作为模型的输入[92]，忽视了立体视觉感知中的双目视觉特性；要么仅仅考虑浅层特征[91]或者深层特征[93]的交互，忽略了不同层级特征的交互作用。为了更加有效地模拟 HVS 特性，本章提出融合多层级语义特征的 NR-SIQA 模型，其与现有模型的区别如图 2.1 所示。

本章的创新点如下：

(1)受 HVS 的双目视觉特性和多层级视觉感知特性启发，提出一个融合多层级语义特征的 NR-SIQA 模型。将左右视图的多层级语义特征分别融合，然后进一步融合形成三维图像的语义特征表达，作为质量预测模块的输入。

(2)为了有效地表征左右视图语义特征，提出权重共享的多层级语义特征提取模块，用于分别提取左右视图的低层级、中层级和高层级语义特征。

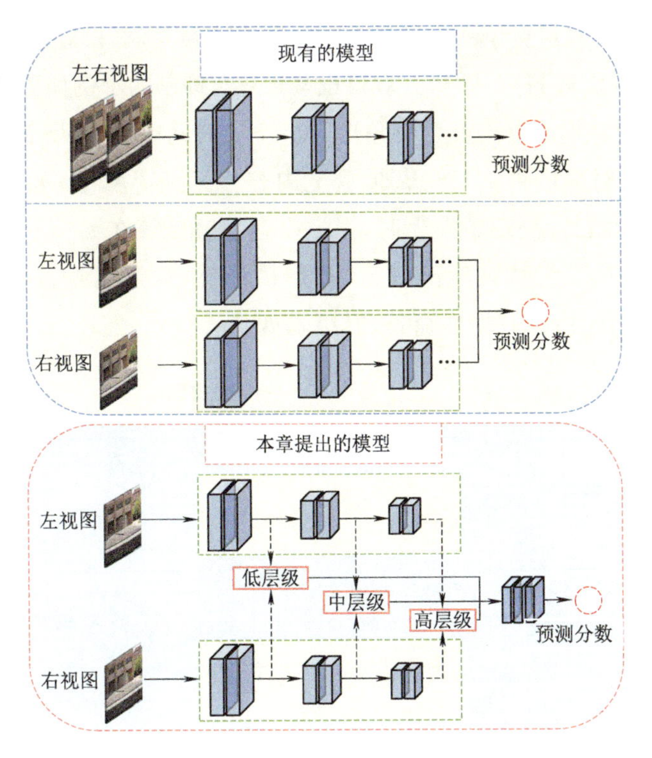

图 2.1　现有 NR-SIQA 模型和本章提出的模型的直观比较

2.2　双目视觉特性和多层级视觉感知

双目视觉特性是三维视觉感知中重要的生理现象，描述了人类在观看三维视觉信号时由信号内容不同所引起的视觉交互情况[136,137]。多层级语义特征表示是图像处理和计算机视觉领域常用的技术手段，其目的是获得与 HVS 感知更接近的图像内容表示。了解双目视觉特性和多层级视觉感知有利于设计与主观感知更为一致的 NR-SIQA 模型。

2.2.1　双目视觉特性

双目视觉特性具体指的是两种生理现象，即双目融合和双目竞争[78]。双目融合是指三维图像的左右视图在视觉中枢形成一张 2D 图像，即很多研究者在 SIQA 研究[78,83,95]中提到的 Cyclopean 图像。许多研究尝试模拟这种生理现象并应用到 SIQA 模型设计中。双目竞争是指当左右视图内容不连续时，左右视图交替被 HVS 感知。双目竞争的一种极端情况称为双目抑制，即在某一段时间内只有左视图或右视图被 HVS 感知。双目竞争和双目抑制的示例如图 2.2 所示。当双目竞争现象发生时，视觉内容“三角形”在 $t_0 \sim t_1$ 时间内被 HVS 感知，视觉内容“圆形”在 $t_1 \sim t_2$ 时间内被 HVS 感知，视觉内容“三角形”在 $t_2 \sim t_3$ 时间内再次被 HVS 感知。当双目抑制现象发生时，视觉内容“三角形”在 $t_0 \sim t_3$ 时间内一直被 HVS 感知，而 HVS 无法观察到视觉内容“圆形”。双目视觉特性常被融入至 SIQA 模型设计中，以期获得准确的 SIQA 模型。

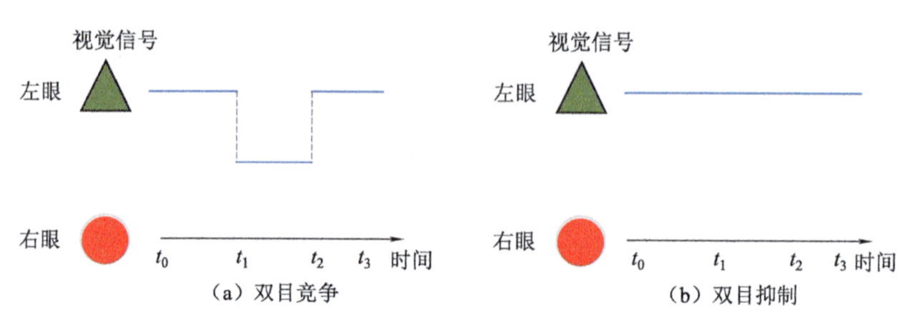

图 2.2　双目竞争和双目抑制的示例

2.2.2　多层级视觉感知

HVS 的信息处理是逐层分级的[138]，首先获得的是初级特征如边缘、纹理，逐渐地获得更加复杂的纹理特征和更加抽象的高级语义特征。CNN 抽取视觉内容特征时类似于 HVS 的处理方式，早期针对图像分类任务设计的 CNN 均是反复堆叠 CLs，最后使用高级特征构建与目标输出的映射关系。随着 CNN 的应用越来越广泛，在一些特定任务中，研究人员逐渐考虑融合不同层级的特征，共同作用于最后的任务。具体而言，在医学处理[139]、目标检测[140]、立体匹配[141,142]、显著目标检测[143,144]和语义分割[145]等任务中，模型往往通过短连接的方式将不同层级的语义特征联合。联合方式因任务而异，包括直接连接[143,144]和使用针对性的策略对不同层级特征进行处理之后再连接[146,147]。

2.3　多层级语义特征融合网络

受双目视觉特性[136,137]和多层级视觉感知机理[138]启发，本章提出一种基于多层级语义特征融合（multi-level semantic feature fusion，MLFF）网络的 NR-

SIQA 模型，如图 2.3 所示。该模型包含一个权值共享的特征提取模块、一个特征融合模块和一个质量回归模块。不同于仅融合高层抽象信息的模型[93]，该模型分别融合三维图像的低层级、中层级和高层级语义信息，再通过两个卷积层进一步融合多层信息，最后通过全连接网络将多层融合信息映射为主观分数。

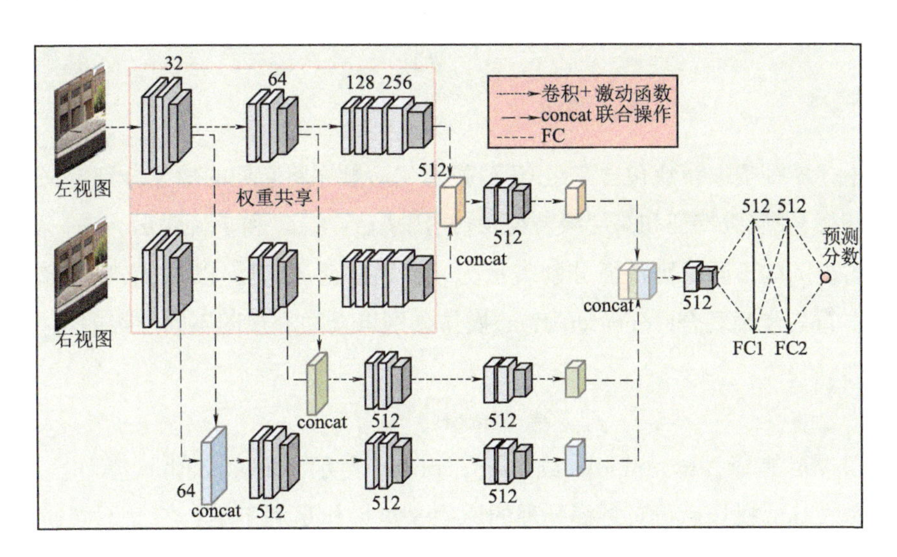

图 2.3　多层级语义特征融合网络框架

2.3.1 特征提取模块

特征提取模块为一个 Siamese Network[148]，即权重共享网络。Siamese Network 被广泛应用于人脸验证[149]和图像对比[150]，它包含两个分支，分别将输入映射到特征空间，获得输入在特征空间的表示。如图 2.3 所示，本章提出的 MLFF 的 Siamese Network 的输入为左右视图(图像块)，包含三组 CLs。类似于 VGG16 模型[66]的设计，前面两组 CLs 包含两个卷积操作，后面一组 CLs 包含四个卷积操作。每个卷积操作可表示为

$$\boldsymbol{f}_i^{(k)} = g(\boldsymbol{W}^{(k)} \otimes \boldsymbol{f}_{i-1} + b^{(k)}) \tag{2.1}$$

式中，$\boldsymbol{f}_i^{(k)}$ 表示第 i 层第 k 张特征图；$\boldsymbol{f}_{i-1}$ 表示第 $i-1$ 层特征图；$\boldsymbol{W}$ 表示卷积核；b 表示偏置；$\otimes$ 表示卷积操作；g 表示激活函数。

为了加快网络收敛并防止出现梯度消失的问题，在每个卷积操作之后添加修正线性单元(rectified linear unit，ReLU)作为激活函数，即 g。ReLU 可表示为

$$g(\boldsymbol{f}_i^{(k)}) = \max(\boldsymbol{f}_i^{(k)}, 0) \tag{2.2}$$

考虑到感受野是 HVS 视觉信号处理主要的功能和结构单元，仅在每两组 CLs 之间设置一个下采样操作。该操作为了保留左右视图的感受野(用 D 表示)的大小，利于后续的多层级特征融合。使用 2×2 大小的最大池化(max pooling)，其计算可表示为

$$\boldsymbol{f}_{i+1} = \max_{D} \boldsymbol{f}_i \tag{2.3}$$

2.3.2 特征融合模块

上述特征提取模块包含三组 CLs，按照先后顺序将它们的输出分别定义为低层级特征、中层级特征和高层级特征，分别用 $\boldsymbol{f}_{\text{low}}$ 、$\boldsymbol{f}_{\text{middle}}$ 和 $\boldsymbol{f}_{\text{high}}$ 表示。进一步地，将左右视图的不同层级特征分别表示为 $\boldsymbol{f}_{\text{low}}^{\text{left}}$ 、$\boldsymbol{f}_{\text{middle}}^{\text{left}}$ 和 $\boldsymbol{f}_{\text{high}}^{\text{left}}$ 以及 $\boldsymbol{f}_{\text{low}}^{\text{right}}$ 、$\boldsymbol{f}_{\text{middle}}^{\text{right}}$ 和 $\boldsymbol{f}_{\text{high}}^{\text{right}}$ 。首先使用联合(concatenation)操作分别组合左右视图不同层级的特征，可表示为

$$\boldsymbol{f}'_{\text{layer}} = \text{concat}(\boldsymbol{f}_{\text{layer}}^{\text{left}}, \boldsymbol{f}_{\text{layer}}^{\text{right}}) \tag{2.4}$$

式中，layer 表示 low、middle 或 high；concat 表示 concatenation 操作。选择 concatenation 操作后再对特征处理的原因是该操作更利于融合特征不同通道间的信息。

在 MLFF 中，分别使用不同的特征融合子模块以融合不同层级特征，原因是每两组 CLs 之间设置了一个下采样操作，因而高层级特征 $\boldsymbol{f}_{\text{high}}$ 感受野是中层级特征 $\boldsymbol{f}_{\text{middle}}$ 感受野的 2 倍，前者特征图大小是后者特征图大小的 1/2；高层级特征 $\boldsymbol{f}_{\text{high}}$ 感受野是低层级特征 $\boldsymbol{f}_{\text{low}}$ 的 4 倍，前者特征图大小是后者特征图大小的 1/4。因此，分别设置不同的特征融合子模块，将融合后的特征图大小映射为一致，便于后续的进一步融合操作。对于低层级融合特征 $\boldsymbol{f}'_{\text{low}}$ ，使用三组 CLs；对于中层级融合特征 $\boldsymbol{f}'_{\text{middle}}$，使用两组 CLs；对于高层级融合特征 $\boldsymbol{f}'_{\text{high}}$ ，使用一组 CLs。其中，每组之后均设置一个下采样操作，使用 ReLU 作为激活函数。每个特征融合子模块可表示为

$$\boldsymbol{f}''_{\text{layer}} = \text{CLs}_{\text{layer}}(\boldsymbol{f}'_{\text{layer}}) \tag{2.5}$$

式中，$\boldsymbol{f}''_{\text{layer}}$ 表示每个特征融合子模块的输出；$\text{CLs}_{\text{layer}}$ 表示不同层级特征的融合子模块。

2.3.3 质量预测模块

在获取左右视图深度融合的特征图之后，MLFF 使用一组 CLs 进一步融合

并压缩特征，该组 CLs 包含两个卷积操作和一个下采样操作。不同层级特征的融合操作可表示为

$$f''' = \text{concat}(f''_{\text{low}}, f''_{\text{middle}}, f''_{\text{high}}) \tag{2.6}$$

式中，f''' 表示融合后的特征。

进一步地，将 f''' 输入质量回归子模块，它包含三层 FCLs，可表示为

$$s = \boldsymbol{W}_3(g(\boldsymbol{W}_2(g(\boldsymbol{W}_1 * \boldsymbol{f}_v + b_1)) + b_2)) + b_3 \tag{2.7}$$

式中，s 表示预测的三维图像视觉质量分数；$\boldsymbol{f}_v$ 表示最终的三维图像视觉特征。为了表达式的简洁，略去了将特征图转换成特征向量的操作。MLFF 模型的参数见表 2.1。

表 2.1 MLFF 模型的参数

参　数	模型框架	输入	卷积核参数	输出
特征提取模块	第一组	80×80×1	3×3×32	40×40×32
	第二组	40×40×32	3×3×64	20×20×64
	第三组	20×20×64	3×3×128	20×20×128
	第四组	20×20×128	3×3×256	10×10×256
低级特征融合层	第一组	40×40×64	3×3×512	20×20×512
	第二组	20×20×512	3×3×512	10×10×512
	第三组	10×10×512	3×3×512	5×5×512
中级特征融合层	第一组	20×20×128	3×3×512	10×10×512
	第二组	10×10×512	3×3×512	5×5×512
高级特征融合层	第一组	10×10×512	3×3×512	5×5×512
质量回归模块	特征融合 1	3×5×5×512	—	5×5×1 536
	特征融合 2	5×5×1 536	3×3×512	3×3×512
	全连接层 1	4 608	4 608×512	512
	全连接层 2	512	512×512	512
	全连接层 3	512	512×1	1

2.4 实验结果与分析

2.4.1 测试数据集

本章使用两个公开数据集 LIVE Phase Ⅰ[133]和 LIVE Phase Ⅱ[78,83]测试提

出方法的性能，没有在 Waterloo Phase Ⅰ和 Waterloo Phase Ⅱ[79]两个数据集上测试的原因是大部分比较的方法并未提供在这两个数据集上的性能，且它们的代码未开源，性能无法完全复现。每个测试的数据集被随机分成 80%作为训练集和 20%作为测试集。该过程重复 20 次，取中值结果作为最终结果。该操作是为了消除对测试数据集随机划分的不确定性对结果带来的影响，这也是 IQA 领域常用的操作[53,54,87]，重复次数可能有所差异。

2.4.2 实验细节

考虑到图像块尺寸和训练数据数量[93]的平衡，即图像块尺寸过大会显著减少训练数据的数量，而图像块尺寸过小将导致丢失语义特征进而影响模型的训练。因此，将输入图像块大小设置为 80×80。因为图像失真是均匀的，每个图像块的分数用它对应图像的主观分数替代，该策略也是 IQA 领域常用的训练策略。网络参数随机初始化，使用 L1 范式作为损失函数，表达式为

$$L=\frac{1}{|B|}\sum_{i\in B}|s_i-q_i| \tag{2.8}$$

式中，B 表示一个批次，包含 $|B|$ 张三维图像；i 表示图像序号；s_i和 q_i分别表示三维图像的主观分数和预测分数。

网络参数的优化器选择 Adam[151]，批次大小设置为 40。初始学习率设置为 e^{-3}，每隔 5 次迭代学习率衰减为之前数值的 0.1，最终的学习率为 e^{-6}。整个网络训练迭代 50 次，训练完成后，得到最终的网络参数。测试时，将测试三维图像分成 80×80 的非重叠块，计算这些块的分数的平均值作为三维图像最终的分数。计算模型性能时，使用 PLCC 和 SRCC 作为评价指标。所有的实验都在一台服务器上完成，它包含 AMD Ryzen Thread-ripper 2950X 16-Core 处理器，64 GB RAM 和一块 24 GB 内存的 NVIDIA TITAN RTX GPU，操作系统为 Ubuntu 18.04。

比较的模型包括 MS-SSIM[78]、IDW-SSIM[79]、Chen13[83]、Lv16[90]、Zhang16[91]、Oh17[92]、Yang19[95]、Fang19[93]和 Fang192[87]。其中，MS-SSIM 和 IDW-SSIM 是 FR-SIQA 方法，是依赖手工特征和先验知识构建的。MS-SSIM 是将 SSIM 应用在 Cyclopean 图像进而计算三维图像的视觉质量，IDW-SSIM 提出了一种 2D 至 3D 的权重策略，即将左右视图的视觉质量融合得到三维图像的视觉质量；Chen13 和 Fang192 为传统 NR-SIQA 算法，依赖手工特征和浅层机器学习模型，Chen13 和 Fang192 均提取三维图像的 NSS 特征用于表征三维图像的视

觉质量变化；Lv16、Zhang16、Oh17、Yang19 和 Fang19 是基于 DNN 的，Lv16 和 Yang19 是基于全连接神经网络的，输入为手工特征，而 Zhang16、Oh17 和 Fang19 均是基于 CNN 的，可自动学习图像特征表达以及特征和主观分数之间的非线性映射。需要注意的是，Zhang16 原文中包含了一个单通道 NR-SIQA 模型和一个三通道 NR-SIQA 模型。其中，单通道模型的输入为左右视图的 Difference 图像；三通道模型的输入包括左视图、右视图和左右视图的 Difference 图像。本章比较的是性能更优异的三通道 NR-SIQA 模型。

2.4.3 对比实验

实验结果见表 2.2 和表 2.3。表中粗体文字表示本书方法及最优值。总体而言，除了 IDW-SSIM，测试模型在 LIVE Phase Ⅱ 数据集上的性能低于在 LIVE Phase Ⅰ 数据集上的性能，这说明度量非对称失真是难于度量对称失真的。尽管这些测试模型在非对称失真三维图像上的性能有所提升，非对称失真三维图像质量评价依然是一个具有挑战性的问题。IDW-SSIM 是专门设计用于解决非对称失真难度量的问题，它在非对称失真数据上的性能是高于对称失真的。根据 IDW-SSIM 的设计原理，即使用左右视图的信息内容作为权重因子，当它用于对称失真三维图像质量评价时，其效果等价于平均权重策略，因而 IDW-SSIM 在 LIVE Phase Ⅰ 数据集上的表现是最差的。MS-SSIM 和 IDW-SSIM 都是 FR-SIQA 算法，它们的表现在所有的测试模型中是较差的，这说明通过手工设计无法较好地模拟 HVS 复杂的交互过程。并且，如何利用好参考信息进而设计准确的 FR-SIQA 算法依然值得深入研究。

表 2.2　LIVE Phase Ⅰ 数据集上的比较实验结果

方法	MS-SSIM	IDW-SSIM	Chen13	Lv16	Fang192
PLCC	0.917	0.873	0.895	0.901	0.951
SRCC	0.916	0.874	0.891	0.898	0.932
方法	Zhang16	Oh17	Yang19	Fang19	**MLFF**
PLCC	0.947	0.943	**0.961**	0.957	**0.962**
SRCC	0.943	0.935	**0.950**	0.946	**0.950**

表 2.3 LIVE Phase Ⅱ数据集上的比较实验结果

方法	MS-SSIM	IDW-SSIM	Chen13	Lv16	Fang192	
PLCC	0.900	0.916	0.880	0.870	0.931	
SRCC	0.889	0.919	0.880	0.862	0.919	
方法	Zhang16 (对称失真)	Zhang16 (非对称失真)	Oh17	Yang19	Fang19	**MLFF**
PLCC	0.912	0.763	0.863	0.939	**0.946**	**0.946**
SRCC	0.915	0.708	0.871	0.928	**0.934**	**0.938**

Chen13 和 Fang192 都是基于 NSS 特征的，不同之处在于：Chen13 使用分布的参数作为左右视图的亮度特征和三维图像的深度特征，而 Fang192 直接使用直方图表示左右视图的亮度特征、三维结构特征和深度特征，并且采用了更加显式的方式将深度估计图融入三维结构特征的提取中，因而能够更好地表征三维图像视觉质量。Lv16 和 Zhang16 在两个数据集上的表现劣于其他基于 CNN 的模型(Yang19、Fang19 和本章提出的模型 MLFF)，其原因在于 Lv16 使用无监督的方式(opinion-unaware，无主观分数)训练双目融合指标预测模型，使用估计的视差图生成左视图并计算双目自相似性指标，然后对双目融合指标和双目自相似性指标线性融合，得到最终的三维图像视觉质量分数。该模型在训练双目融合预测指标时使用 FR-IQA 模型预测的分数作为标签，会影响模型训练的准确度；其次，在计算双目自相似性时使用 FR-IQA 模型计算参考左视图和生成左视图的相似性是有问题的，因为合成图像中的失真呈现非均匀分布，而 FR-IQA 模型在计算完各个空间位置的失真时采用全局平均池化的方式得到整张图像的质量分数，因而是不准确的；最后，采用简单的线性加权双目融合指标和双目自相似性指标无法很好地模拟 HVS 的感知过程。虽然 Zhang16 在输入时考虑了左右视图的差异，并将 Difference 图像与左右视图一起作为网络的输入，但它的特征提取网络比较浅，仅包含两个 CLs，无法较好地提取单目视觉特征和双目视觉特征，因而表现也相对较差。

Yang19 使用渐进式的方式训练三个自编码器，用于构建 Cyclopean 图像、Summation 图像和 Difference 图像的视觉特征提取器，并分别使用 Cyclopean 图像特征以及 Summation 图像和 Difference 图像训练 SVR，用于预测三维图像的视觉质量分数。这种方式可以准确地预测对称失真三维图像的视觉质量，但是依然无法较好地处理非对称失真三维图像，原因主要在于仅使用一个简单的线性融合策略融合两个 SVR 输出的分数。因此，根据图像内容以及失真情况设计一个自适应权重有望进一步提升该算法在非对称失真三维图像视觉质量预测上的性能。不同于使用浅层 CNN 作为特征提取网络的 Zhang16 和使用多个自编码器获取三维图像不同特征的 Yang19，Fang19 和本章提出的模型 MLFF 都是基于深度 CNN 的模型，MLFF 和 Fang19 的区别在于 Fang19 只考虑了高层级语义特征的融合，而忽视了不同层级特征的融合。相对于 Fang19，MLFF 在 LIVE Phase Ⅰ数据集上获得的性能增益较大，而在 LIVE Phase Ⅱ数据集上获得的性能增益相对较小，进一步地说明非对称失真依然值得研究者深入研究。而造成这种结果潜在的原因是当前的数据集规模相对较小，无法很好地展示 MLFF 在表征三维图像视觉质量的能力。因此，构建大规模 SIQA 数据集是进一步推进 SIQA 研究的首要选择。

小　结

受 HVS 的双目视觉特性和多层级视觉感知特性的启发，本章提出了一种新颖的基于深度 CNN 的 NR-SIQA 模型。该模型主要包括一个权值共享的特征提取模块、一个多层级特征融合模块和一个质量回归模块。特征提取模块用于获取左右视图的低层级、中层级和高层级语义特征；多层级特征融合模块用于融合左右视图的多层级特征，获得三维图像的感知特征表达；质量回归模块构建感知特征表达与质量分数之间的非线性映射，输出为三维图像的视觉质量分数。在两个公开数据集 LIVE Phase Ⅰ和 LIVE Phase Ⅱ上的实验证明，本章提出的 MLFF 网络可以有效地表征三维图像质量变化，性能优于其他比较的模型。

第 3 章 基于弱监督学习的三维图像质量评价

在第 2 章提出 MLFF 模型之后，陆续有基于 CNN 的 NR-SIQA 模型被提出，包括 Zhou19[96]、Shi19[98]、DFNet[99]、PADNet[100] 和 Zhou21[101] 等。Zhou19 和 DFNet 的框架类似于 MLFF，即将融合的多层级特征作为质量评价模块的输入，不同之处在于 Zhou19 在融合左右视图不同层级特征时使用特征图的差异图，最终以向量的形式将不同层级特征融合，而 MLFF 在融合左右视图不同层级特征时直接使用 Concatenation 操作，不同层级特征以特征图的形式进行最终融合。DFNet 与 MLFF 的不同之处是 DFNet 仅融合两个层级的特征。Zhou21 类似于 Fang19，不同之处在于 Fang19 融合左右视图的高层级语义特征之后形成三维图像的语义特征，再作为质量评价模块的输入。而 Zhou21 包含两个通道，每个通道分别输出单视图的质量分数，最后通过一个权重策略得到三维图像的视觉质量分数。Shi19 类似于 Zhang16[91]，不同之处在于 Shi19 引入了失真类型判断作为辅助任务。不同于其他模型，PADNet 包含一个先验概率和似然概率预测子模块。

为了更加直观地观察 SIQA 的发展，我们将四个传统算法（包含 Chen13[83]、Ryu14[84]、Shao15[81] 和 Khan18[82]）和 10 个主流的基于 DNN 的算法（包含 Lv16[90]、Zhang16[91]、Oh17[92]、Fang19、MLFF、Zhou19、Shi19、DFNet、PADNet[100] 和 Zhou21）的性能（PLCC 值）绘制在图 3.1 中。从图 3.1 可以观察到，在当前的深度学习时代，基于 DNN 的 NR-SIQA 模型在建模三维图像或图像块与主观分数之间隐含的映射关系方面取得了显著的进步，并且已经成为 NR-SIQA 模型主要的设计方式。

尽管如此，基于 DNN 的 NR-SIQA 的发展可能并非像图 3.1 所展示的。原因为公开的 SIQA 数据集中包含的数据过少，而数据一直是多媒体技术发展的重要驱动力[152-154]，这与数据有限的 SIQA 数据集形成鲜明的对比。可直接对比的是 2D-IQA 数据集，当前包含主观分数的 2D-IQA 数据集中的数据量已达到万级[9,155]，而 SIQA 数据集[78,79,83,133]仅包含数百张有主观分数的图像。少量的数据会带来很多问题，比如：①当前 SIQA 数据集中少量的数据无法满足 DNN 需要大量数据用于训练的需求，DNN 往往包含大量的可学习参数；②在如此少量的数据上训练非常容易引起过拟合问题，因而很难根据文献中给出的性能来比较不同模型的优劣；③研究者可以通过大量的调参使得模型很好地拟合少量的数据；④研究者可能有意或者无意地造成数据泄露问题，即测试集数据可能直接混入了训练集中，或者测试集中的数据内容以其他形式参与了模型的训练，如加载预训练权重。因此，对于模型表现的好坏或者哪个模块给模型带来了性能增益，根据文献中给出的性能很难给出一个确切的答案。

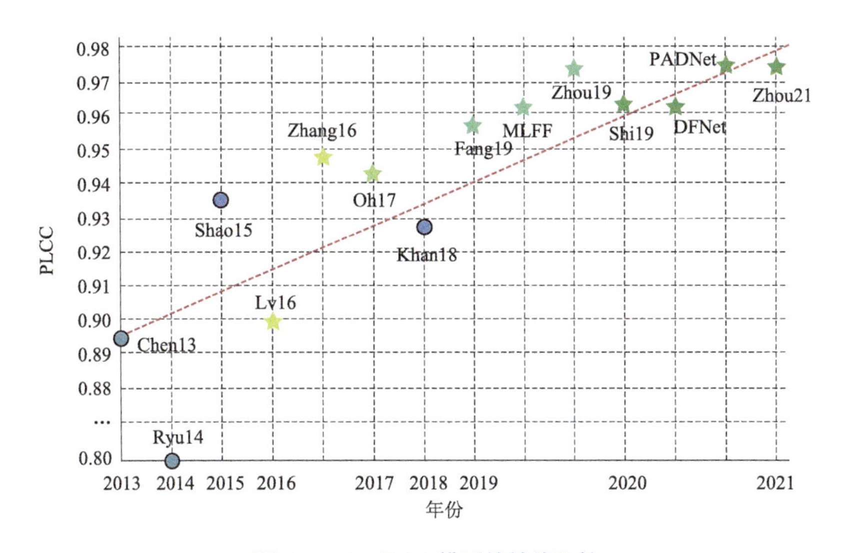

图 3.1　NR-SIQA 模型的性能比较

注：这些模型发表在 2013—2021 年之间，包括 10 个主流的基于 DNN 的模型和 4 个基于手工特征的模型。性能为它们在 LIVE 3D Phase Ⅰ上的 PLCC 值。

本章拟研究的问题属于“模型评估”研究范畴。伴随着深度学习的蓬勃发展，研究人员也逐渐关注模型评估的问题。不同于大部分研究的目的，即追求模型的极致性能（有效性或效率），关于模型评估的研究旨在告诉研究者“我们设计的模型存在什么问题”以及“我们应该做什么来促进模型的发展”。在模型评估的研究中，自动挖掘致使模型预测失败的难样本是常见且有效的手段[156,157]。Hoiem 等[158]分析了不同的目标属性对目标检测模型的影响。Zhang 等[159]对比了一个性能最高的单帧行人检测模型和主观基准模型，人工挑出定位错误和背景判断为前景的错误。并且，作者通过定位训练数据标记错误和调整网络框架来解决这两种类型的错误。Ronchi 等[160]定义了三种类型的错误并且研究了这三种错误对姿态估计模型的影响。另外，作者进一步研究了一些因素对两个表现优异的姿态估计模型的影响，如人的聚集程度和目标大小等。

前面所提到的研究都是在闭合的数据集上开展的，也就是所谓的公开数据集通过留出法得到的测试集。而文献[161]和文献[162]发现，DNN 模型对于对抗攻击是十分脆弱的，轻微的扰动可能使得训练好的模型给出错误的预测。Arnab 等[163]研究了对抗样本对语义分割模型的影响。进一步地，Kamann 等[164]探索了真实世界的扰动对语义分割模型鲁棒性的影响。不同于上述研究，他们分别探索了人工扰动和真实扰动对模型的影响，进而分析模型的优劣。Wang 等[165]提出一种新颖的模型比较框架，该框架是从“通过合成来分析”的角度，称为差异最大化(maximum discrepancy，MAD)竞争①，直接对比两两模型。在 MAD 竞争中，模型如果拥有更强的“欺骗”其他模型的能力，则被认为是更好的。该框架的缺点是它需要比较的模型可微，而大部分模型不具备可微的性质，因此它的可扩展性较低。Ma 等[156]提出组差异最大化(group MAD，gMAD)，很好地解决了这个问题。gMAD 不再像 MAD 一样严格地需要对比的两两模型均可微，而是可以推广至任意的模型。它的思路是将样本空间分成若干子空间，然后在每一个子空间寻找两两模型预测结果差异最大的样本，这些样本即为潜在的难样本。最后根据模型在这些潜在的难样本上的性能来判断模型的优劣。gMAD 也被成功地应用至 IQA[166,167]和语义分割任务[157]。不同于添加轻微扰动和自动挖掘难样本等研究工作，Recht 等[168]发现在 ImageNet[153]上训练的分类器在同源收集的新测试集上性能下降了 3%～15%，推测模型性能下降的原因是无法准确地预测原始测试集中的难样本。

以上研究模型鲁棒性的工作主要通过生成的或自然的难样本测试模型的性能，不同于以上研究工作，本章关注模型发展中重要的元素，即训练数据。原因有两点：①毫无疑问，训练数据在模型的设计和发展中起着不可替代的作用。文献[157]发现，得益于更多的训练数据，一个相对简单的语义分割模型展现出优异的可扩展能力。然而，数据问题一直被 NR-SIQA 研究忽略，它们往往只是

①1.2.1 小节介绍的一个 2D-IQA 方法称为 MAD，此处介绍的是模型评估方法，称为 MAD 竞争。

将公开的数据集划分成训练集、验证集(可能不使用)和测试集,将测试集上的性能作为模型的最终性能;②受低照度图像增强[12]、压缩失真去除[169]和图像复原[170]等研究的启发,本章选择从数据问题入手,进一步深入研究 NR-SIQA 模型的优劣。

针对 NR-SIQA 研究中数据短缺的问题,本章开展关于 NR-SIQA 的全面研究。首先,为了解决数据短缺问题,构建迄今最大的一个 SIQA 数据集。考虑到通过大规模主观实验收集标签数据耗时耗力,使用先验知识和借助客观 FR-IQA 算法自动收集图像级粗粒度标签和视图级伪标签。其次,基于构建的 SIQA 数据集,重新训练并测试主流的基于 CNN 的 NR-SIQA 模型,以验证不同模型的优劣。进一步地,验证网络框架、输入大小和额外的监督信号对模型性能的影响。通过大量的对比实验,以更公平的方式、从更多的角度对比各个 NR-SIQA 模型。

本章的创新点包括以下三点:

(1)构建了迄今最大的 SIQA 数据集,数据集中的每对三维图像都包含一个图像级粗粒度标签,每一张单视图都对应一个视图级伪标签。需要说明的是,本章构建的 SIQA 数据集很容易被扩展,可添加更多的图像内容和失真类型以扩充内容多样性和失真类型多样性。

(2)基于构建的 SIQA 数据集,重新训练了七个主流的基于 CNN 的 NR-SIQA 模型。训练时,使用图像级粗粒度标签和视图级伪标签作为弱监督信号。根据实验结果,以相对公平可靠的方式深入分析不同 NR-SIQA 模型的优点和不足,验证不同子模块的有效性。

(3)在公开数据集上进行大量的实验,深入研究网络框架、输入大小和额外的监督信号对测试模型的影响。另外,实验结果将有助于 NR-SIQA 研究的发展。

3.1 数据集构建

考虑到拟构建的 SIQA 数据集不仅要包含足够多的数据,而且要保证内容多样性[9,152,155],本章采取一种从粗到细的图像收集方法。粗收集阶段是指尽可能地收集更多的三维图像,构建初始的三维图像数据集;细收集阶段是指从初始的三维图像数据集中挑选出代表性样本,即通过客观算法过滤低质量的三维图像,进一步通过人工的方式挑选出高质量的参考三维图像。在确定高质量的参考三维图像之后，通过添加模拟失真自动生成失真三维图像，然后使用先验知识自动生成图像级粗粒度标签和视图级伪标签。具体细节将在以下几个小节中说明。

3.1.1 原始数据收集

在粗收集阶段，从现有的相关公开数据集中收集三维图像，即选择立体匹配[171]、三维图像超分辨率重建[172]、三维图像视觉舒适度预测[173]和其他三维图像数据集作为图像源[174,175]。其中四个数据集[171-173,175]被排除，原因在于这些数据集中的三维图像视差过大或者内容过于单一。Holopix50k 数据集[175]符合本章要求：①数量多，它包含接近 50 000 张三维图像；②内容多样化，它包含生活中很多常见的物体，如摩托车、瓶子、人、车和食物等。

Holopix50k 数据集中的三维图像是在真实环境下拍摄的，很多图像包含真实失真，它们的视觉质量较低。因此，无法直接使用该数据集中原始的三维图像。本章设置一个细收集阶段，旨在对数据集中的原始图像进行筛选，自动选出质量高的三维图像作为最终的参考图像。

(1)选择一个 NR-IQA 模型，进行初步的筛选。在该步骤中，选择 PaQ-2-PIQ[25]作为筛选模型，因为它是针对自然失真设计的且性能优异。需要注意的是，其他能够有效地预测真实失真图像的 NR-IQA 模型可用来替代 PaQ-2-PIQ。

(2)使用 PaQ-2-PIQ 计算 Holopix50k 数据集中所有三维图像左右视图的客观分数，获得左右视图质量分数的统计 $\boldsymbol{Q}_{\mathrm{l}}$ 和 $\boldsymbol{Q}_{\mathrm{r}}$。经验地，将分数统计 $\boldsymbol{Q}_{\mathrm{l}}$ 和 $\boldsymbol{Q}_{\mathrm{r}}$ 各自的第三四分位数 $Q_{T_{\mathrm{l}}}$ 和 $Q_{T_{\mathrm{r}}}$ 分别作为左视图和右视图的筛选阈值。当且仅当三维图像的左视图的预测分数大于 $Q_{T_{\mathrm{l}}}$ 且右视图的预测分数大于 $Q_{T_{\mathrm{r}}}$ 时，该三维图像被放进下一阶段的筛选池中，否则被丢弃，即不符合高质量要求。该步骤完成后，接近 3 000 张图像被保存在下一阶段的筛选池中。

(3)通过人工判断的方式进一步处理筛选池中的图像，找出高质量的三维图像。经过仔细的筛选，1 000张三维图像被保存下来组成原始数据集，用于生成大量的失真三维图像。如图 3.2 所示，根据内容的不同，该原始数据集中的三维图像可被分成 10 类，包括动物(animal)、建筑(architecture)、食物(food)、物品(goods)、人(human)、室内(indoor)、室外(outdoor)、风景(landscape)、植物(plant)和交通工具(transportation)。

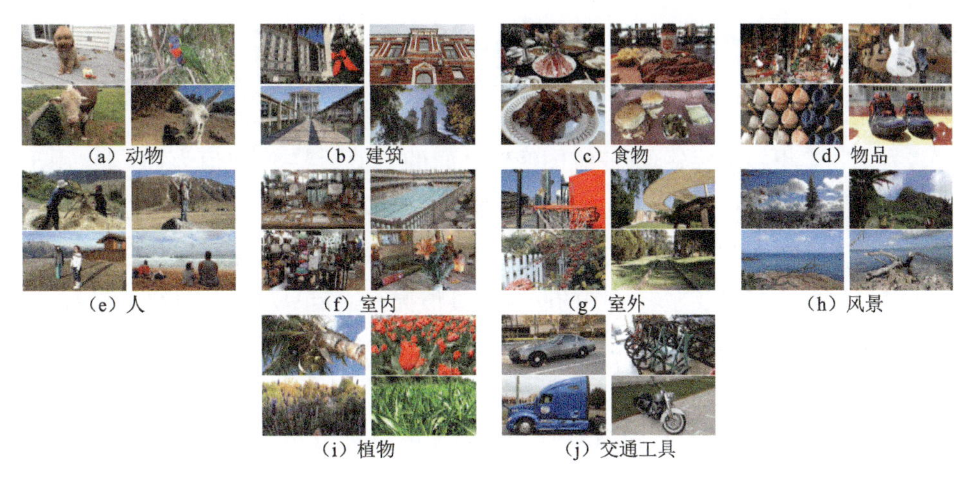

图 3.2　构建的原始数据集中不同内容的三维图像示例

3.1.2 失真三维图像生成

类似于文献[152],本章通过人工加噪声的方式对原始数据集中的参考三维图像进行扰动,生成失真三维图像,进而得到所期望构建的 SIQA 数据集。添加的失真类型和对应的失真程度情况具体如下:

(1)JPEG:离散余弦变换量化矩阵的参数设置为[43, 12, 7, 4],共四种失真程度。

(2)JP2K:比特率设置为[52, 150, 343, 600],共四种失真程度。

(3)GB:Gaussian 核的标准差设置为[1.2, 2.5, 6.5, 15.2],共四种失真程度。

(4)GN:方差设置为[0.001, 0.006, 0.022, 0.088],共四种失真程度。

本章选择上述四种噪声的原因在于现有的 SIQA 数据集均包含了这几种失真。根据需要,其他类型的失真[26]也可以用于生成失真三维图像,即本章构建的 SIQA 数据集可以轻易地扩展成失真类型更加丰富的数据集,甚至模拟实际应用中的真实失真[9]。每种失真类型对应着五种失真程度,包含上述的四种失真程度和参考图像所对应的最轻微的失真程度。所有的失真图像均是使用 MATLAB 软件内置的函数对参考图像降质得到的,函数的参数如上述的参数设置。本章对每种失真设置的参数是为了保证失真三维图像的质量能够覆盖从低到高的范围,其中相邻的两个参数是为了使得两种失真程度的三维图像在主观上容易被区分。通过对 1 000 张参考图像添加失真,可以生成 20 000 张失真三维图像,包含对称失真和非对称失真[79]。总体而言,参考图像和失真图像的数量是现有公开数据集[78,79,83,133]中的参考图像和失真图像数量的近 50 倍和 40 倍。

3.1.3 粗粒度标签与伪标签收集

1. 粗粒度标签收集

为了收集粗粒度标签，即三维图像对之间的二值标签 y，取值为{0，1}，用于标记三维图像对视觉质量的相对偏好。本章参照文献[176,177]中的方法，它是用于生成二维图像对的相对偏好标签。而三维图像的失真情况更加复杂，涉及单一视图的失真情况以及左右视图的联合失真情况。给定一对三维图像 $\boldsymbol{I}_i$ 和 $\boldsymbol{I}_j$，它们的左右视图分别表示为($\boldsymbol{I}_{il}$，$\boldsymbol{I}_{ir}$)和($\boldsymbol{I}_{jl}$，$\boldsymbol{I}_{jr}$)。为了更好地区分三维图像对的失真情况，将失真情况分成以下五种。

Case Ⅰ：$\boldsymbol{I}_i$ 和 $\boldsymbol{I}_j$ 遭受相同类型但不同程度的失真，$\boldsymbol{I}_i$ 和 $\boldsymbol{I}_j$ 的左右视图遭受相同程度的失真。$\{(\boldsymbol{I}_{il}|^{t1}_{d1},\boldsymbol{I}_{ir}|^{t1}_{d1}),(\boldsymbol{I}_{jl}|^{t1}_{d2},\boldsymbol{I}_{jr}|^{t1}_{d2})\}$ 满足该情况，其中 t 和 d 分别表示失真类型和失真程度。

CaseⅡ：$\boldsymbol{I}_i$ 和 $\boldsymbol{I}_j$ 遭受相同类型的失真(如 t_1)，它们对应的左视图(右视图)遭受成相同程度的失真(如 d_1)，而右视图(左视图)遭受不同程度的失真(如 d_2 和 d_3)。$\{(\boldsymbol{I}_{il}|^{t1}_{d1},\boldsymbol{I}_{ir}|^{t1}_{d2}),(\boldsymbol{I}_{jl}|^{t1}_{d1},\boldsymbol{I}_{jr}|^{t1}_{d3})\}$ 满足该情况。

Case Ⅲ：左视图 $\boldsymbol{I}_{il}$ 和 $\boldsymbol{I}_{jl}$(右视图 $\boldsymbol{I}_{ir}$ 和 $\boldsymbol{I}_{jr}$)遭受相同类型(如 t_1)且相同程度的失真(如 d_1)，右视图 $\boldsymbol{I}_{ir}$ 和 $\boldsymbol{I}_{jr}$(左视图 $\boldsymbol{I}_{il}$ 和 $\boldsymbol{I}_{jl}$)遭受相同类型但不同于左视图(右视图)的失真(如 t_2)，且失真程度不同(如 d_2 和 d_3)。$\{(\boldsymbol{I}_{il}|^{t1}_{d1},\boldsymbol{I}_{ir}|^{t2}_{d2}),(\boldsymbol{I}_{jl}|^{t1}_{d1},\boldsymbol{I}_{jr}|^{t2}_{d3})\}$ 满足该情况。

Case Ⅳ：$\boldsymbol{I}_i$ 和 $\boldsymbol{I}_j$ 遭受相同类型的失真(如 t_1)，对应的左视图和右视图遭受的失真的程度不同。$\{(\boldsymbol{I}_{il}|^{t1}_{d1},\boldsymbol{I}_{ir}|^{t1}_{d2}),(\boldsymbol{I}_{jl}|^{t1}_{d3},\boldsymbol{I}_{jr}|^{t1}_{d4})\}$ 满足该情况。

Case Ⅴ：左视图 $\boldsymbol{I}_{il}$ 和 $\boldsymbol{I}_{jl}$ 以及右视图 $\boldsymbol{I}_{ir}$ 和 $\boldsymbol{I}_{jr}$ 分别遭受相同类型(如 t_1 和 t_1)但不同程度的失真，而 $\boldsymbol{I}_{il}$ 和 $\boldsymbol{I}_{ir}$ 以及 $\boldsymbol{I}_{jl}$ 和 $\boldsymbol{I}_{jr}$ 遭受不同类型的失真。$\{(\boldsymbol{I}_{il}|^{t1}_{d1},\boldsymbol{I}_{ir}|^{t2}_{d2}),(\boldsymbol{I}_{jl}|^{t1}_{d3},\boldsymbol{I}_{jr}|^{t2}_{d4})\}$ 满足该情况。

以上五种失真情况均遵循一条准则：当且仅当一张三维图像如 $\boldsymbol{I}_i$ 的左右视图的视觉质量同时优(劣)于另一张三维图像如 $\boldsymbol{I}_j$ 的左右视图的视觉质量，三维图像 $\boldsymbol{I}_i$ 和三维图像 $\boldsymbol{I}_j$ 才能够组成一对{$\boldsymbol{I}_i$，$\boldsymbol{I}_j$}，并赋予一个二值标签 1 或 0。需要注意的是，本方法生成的三维图像对包含所有可能的失真三维图像。总体而言，收集到超过 680 000 对三维图像对，属于这五种情况的三维图像对数量分别占所有图像对数量的 4%、18%、26%、21% 和 31%。属于不同情况的三维图像对示例如图 3.3所示，符号 V 表示上面的三维图像的视觉质量优于下面的三维图像，Type 表示失真类型，Level 表示失真程度。

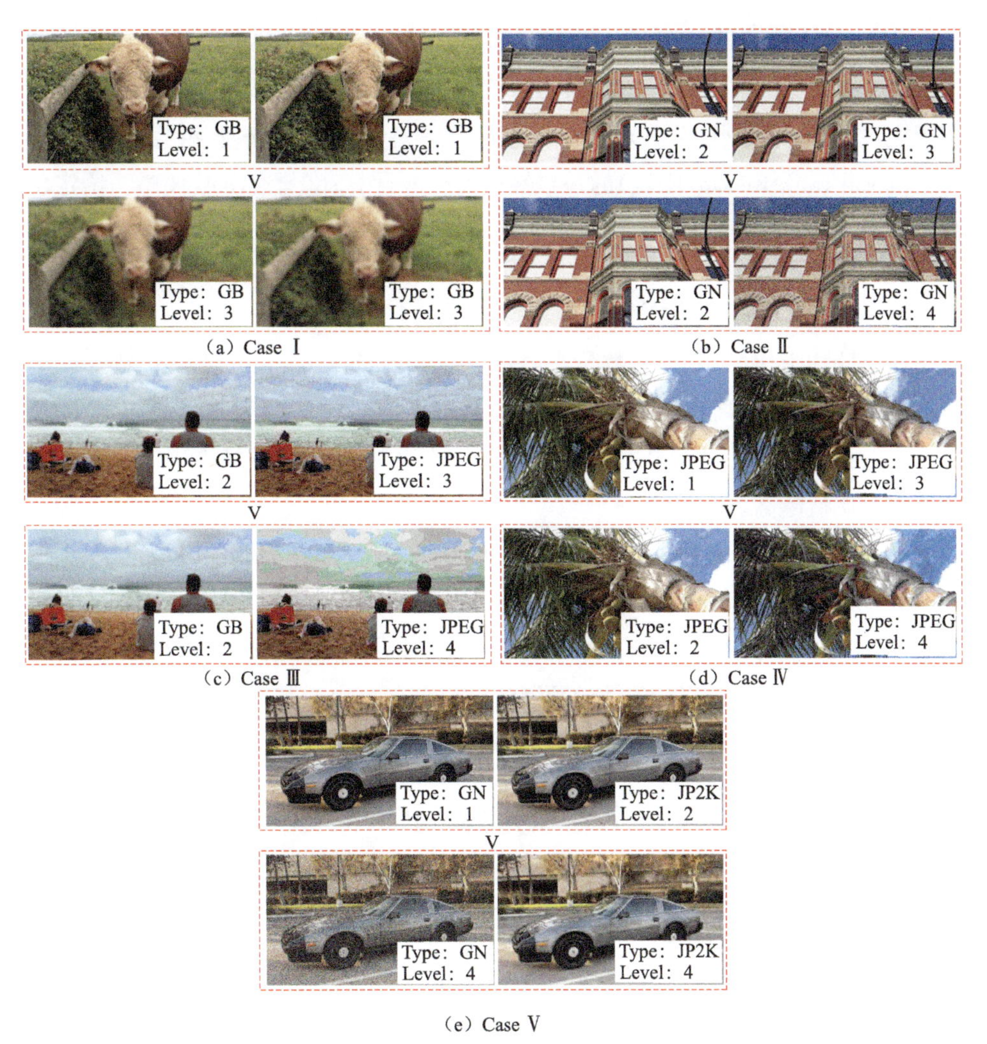

（a）Case Ⅰ　（b）Case Ⅱ　（c）Case Ⅲ　（d）Case Ⅳ　（e）Case Ⅴ

图 3.3　五种不同失真情况的三维图像对示例

2. 伪标签收集

构建的 SIQA 数据集也收集单视图的伪标签，用于研究额外的监督信号对 NR-SIQA 模型的影响。本章借助 11 个 FR-IQA 模型生成视图级的伪标签，包括 SSIM[27]、MS-SSIM[30]、CW-SSIM[32]、GMSD[34]、FSIM[35]、VSI[36]、VIF[38]、NLPD[39]、MAD[40]、LPIPS[42]和 DISTS[43]，这些模型的工作原理已在本书的第 1 章详细介绍。生成伪标签最直接的方式就是使用每个 FR-IQA 模型计算单视图的客观分数，然后将所有的客观分数取平均作为单视图的伪标签。然而，这种方式是不合理的，原因是每个 FR-IQA 模型的预测结果的范围是不同的。本章采用

BLISS(blind learning of image quality using synthetic scores)方法[177]融合不同FR-IQA的预测分数得到单视图的伪标签。BLISS方法是基于排序聚合的，主要用于生成合成分数代替主观分数，它包含两个步骤：①基于相互排序融合(reciprocal rank fusion，RRF)的一致性排名得分计算；②排名分数调整。给定单视图 $\boldsymbol{v}_i$ 和FR-IQA模型计算的客观分数，$\boldsymbol{v}_i$ 的RRF分数为

$$\mathrm{RRF}_{\mathrm{score}}(\boldsymbol{v}_i)=\sum_{z=1}^{Z}\frac{1}{\mathrm{ran}\ k_z(i)+\gamma} \tag{3.1}$$

式中，Z 表示FR-IQA模型的数量，本章中 Z 等于11；$\mathrm{ran}\ k_z(i)$ 表示单视图 $\boldsymbol{v}_i$ 由第 z 个FR-IQA模型计算得到的客观分数；γ 为一个常数，值为60。在计算RRF分数之前将FR-IQA模型计算得到的客观分数映射到[0, 100]范围内，RRF分数越低表示质量越高。

第二步即排名分数调整，需要选择一个FR-IQA模型作为基准模型，进一步地将RRF分数转化成伪标签，因为RRF分数只是表示相应的图像在数据集中的相对质量，无法直接用于替代主观分数。在该步骤中，选择FSIM作为基准模型，因为它能够获得与主观判断较高一致性的预测结果。假定 p_i 表示基准模型预测的 $\boldsymbol{v}_i$ 的分数，分数排序用 r_i 表示，$\boldsymbol{v}_i$ 的合成分数 q_i(即伪标签)可通过如下方式计算。

$$L(q_i;p_i,r_i)=\sum_{i}^{\widehat{N}}(q_i-p_i)^2+\lambda\sum_{i<j}(q_i-q_j)I(r_i>r_j)+(q_j-q_i)I(r_i-r_j) \tag{3.2}$$

$$\lambda=\frac{(\max\{\boldsymbol{p}\}-\min\{\boldsymbol{p}\})\lambda_0}{\widehat{N}} \tag{3.3}$$

式中，$\widehat{N}$ 表示单一视图的总数量；$\boldsymbol{p}$ 表示基准模型对所有视图的预测分数向量；I 表示指示函数，其输入为真时输出为1，输入为假时输出为0。进一步地，对伪标签进行归一化操作，即

$$\tilde{q}_i=\frac{q_i-\min\{\boldsymbol{q}\}}{\max\{\boldsymbol{q}\}-\min\{\boldsymbol{q}\}} \tag{3.4}$$

式中，$\boldsymbol{q}$ 表示伪标签向量。

3. 收集成果

通过上述操作，可以获得三维图像对的图像级粗粒度标签和视图级伪标签。因此，对于一对三维图像{($\boldsymbol{I}_{i\mathrm{l}}$, $\boldsymbol{I}_{i\mathrm{r}}$)和($\boldsymbol{I}_{j\mathrm{l}}$, $\boldsymbol{I}_{j\mathrm{r}}$)}，可获得对应的标签数据{$y$, $\tilde{q}_{i\mathrm{l}}$, $\tilde{q}_{i\mathrm{r}}$, $\tilde{q}_{j\mathrm{l}}$, $\tilde{q}_{j\mathrm{r}}$}。其中，y 为三维图像对的图像级粗粒度标签，取值为0或1；$\tilde{q}_{i\mathrm{l}}$、$\tilde{q}_{i\mathrm{r}}$、$\tilde{q}_{j\mathrm{l}}$ 和 $\tilde{q}_{j\mathrm{r}}$ 分别表示三维图像 $\boldsymbol{I}_i$ 和 $\boldsymbol{I}_j$ 的左右视图的伪标签。本章构建的SIQA

数据集与公开的 SIQA 数据集的对比见表 3.1。

表 3.1　现有 SIQA 数据集与本书提出的 SIQA 数据集对比

数据集	年份	#Src	#Dis	标注	分辨率	失真类型
LIVEPhase Ⅰ	2013	20	365	DMOS	640×360	JPEG，JP2K，GB，GN，FF
LIVEPhase Ⅱ	2013	8	360	DMOS	640×360	JPEG，JP2K，GB，GN，FF
WaterlooPhase Ⅰ	2015	6	330	MOS	1 920×1 080	JPEG，GB，GN
WaterlooPhase Ⅱ	2015	10	460	MOS	1 920×1 080	JPEG，GB，GN
构建的数据集	2021	1 000	20 000	—	480×360，1 280×720	JPEG，JP2K，GB，GN

3.2　客观模型训练

本章提出的基于弱监督学习的 SIQA 框架如图 3.4 所示，输入为成对的三维图像，框架的核心部分可以替换成任意的 NR-SIQA 模型，输出为成对的三维图像的质量分数。通过计算图像级粗粒度标签和三维图像的预测质量分数之间的约束以及视图级伪标签和单视图的预测分数之间的约束，可以联合优化 NR-SIQA 模型。得益于本章构建的大规模 SIQA 数据集，本章可以最大限度地验证不同 NR-SIQA 的数据拟合能力。

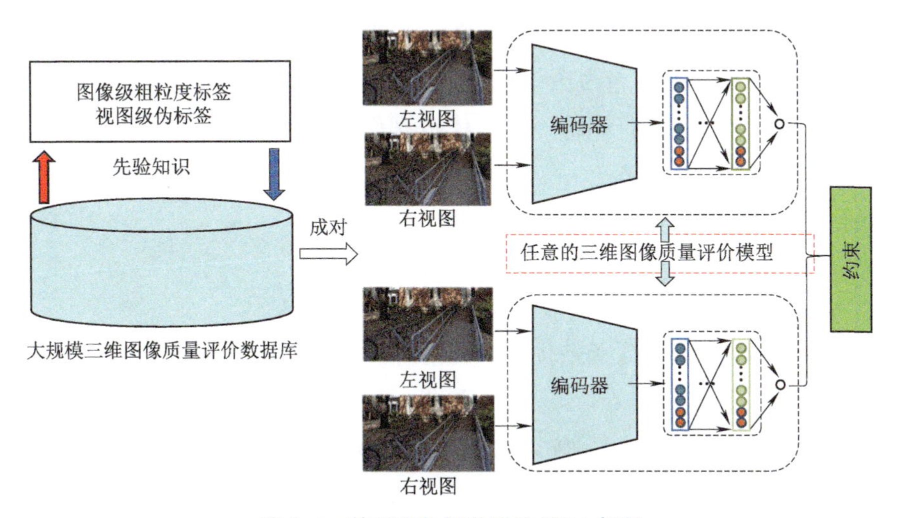

图 3.4　基于弱监督学习的 SIQA 框架

3.2.1 问题描述

为了描述的简洁，将常用的 C 个公开 SIQA 数据集表示为 $D=\{D_c\}_{c=1}^{C}$。为了测试模型 f_m 的性能，往往将每个数据集 D_c 随机分成训练集、验证集（可能没有）和测试集，将 f_m 在测试集上的性能当作在 D_c 上的性能。需要注意的是，为了消除随机划分带来的偏差，随机划分操作往往会重复 10 余次或者更多，并将多次划分的平均结果当成最终的性能。然而，这种模型性能测试的范式可能存在问题，原因在于 D_c 中的数据十分有限，在从 D_c 中划分出的训练集上训练很容易出现过拟合问题，即在当前的测试范式下模型在每个数据集 D_c 上的性能可信度不高。针对此问题，本章提出基于弱监督学习的 SIQA 框架，如图 3.4 所示。通过构建大规模 SIQA 数据集，为测试模型提供充足的训练数据，帮助测试模型摆脱过拟合问题，因而可以更加公平、可靠地比较不同的 NR-SIQA 模型。

首先，构建的 SIQA 数据集用 $\Omega=\{\boldsymbol{I}_n\}_{n=1}^{N}$ 表示，其中 N 表示三维图像的数量。基于构建的 SIQA 数据集 Ω，可以生成 K（万级）对三维图像对 $\{(\boldsymbol{I}_i^k,\boldsymbol{I}_j^k)\}_{k=1}^{K}$，对应着图像级粗粒度标签 $\{y_k\}_{k=1}^{K}$ 和视图级伪标签 $\{\tilde{q}_{il}^k,\tilde{q}_{ir}^k,\tilde{q}_{jl}^k,\tilde{q}_{jr}^k\}_{k=1}^{K}$，其中参数 k 用于区分不同的三维图像对。另外，假定待测试的模型有 M 个，用 $\{f_m\}_{m=1}^{M}$ 表示。本章以弱监督学习的方式在构建的数据集 Ω 训练每个模型 f_m，然后在公开数据集 $\boldsymbol{D}$ 上测试，以比较不同的模型。

3.2.2 基于弱监督学习的模型训练

本小节介绍如何使用构建的 SIQA 数据集 Ω 训练每一个模型 f_m。如图 3.4 所示，本章提出的框架的输入为三维图像对 $(\boldsymbol{I}_i^k,\boldsymbol{I}_j^k)$，它们的图像级粗粒度标签为 y_k，使用成对排序学习进行训练。$\boldsymbol{I}_i^k$ 和 $\boldsymbol{I}_j^k$ 分别作为两个权值共享分支的输入，每一个分支由一个模型 f_m 替代，它们的预测分数可表示为 $f_m(\boldsymbol{I}_i^k)$ 和 $f_m(\boldsymbol{I}_j^k)$。可以将预测分数的差值转化成一个概率表示，具体为

$$\bar{y}_k=\frac{\exp(f_m(\boldsymbol{I}_i^k)-f_m(\boldsymbol{I}_j^k))}{1+\exp(f_m(\boldsymbol{I}_i^k)-f_m(\boldsymbol{I}_j^k))} \tag{3.5}$$

因此，可以使用交叉熵损失函数优化这个概率表示，即

$$L(f_m;\boldsymbol{I}_i^k,\boldsymbol{I}_j^k,y_k)=-y_k\ln\bar{y}_k-(1-y_k)\ln(1-\bar{y}_k) \tag{3.6}$$

训练时，假定每个批次 B 的输入三维图像对数量为 $|B|$，训练的优化目标表示为

$$L_b^{\boldsymbol{I}}(f_m)=\frac{1}{|B|}\sum_{k\in B}L(f_m;\boldsymbol{I}_i^k,\boldsymbol{I}_j^k,y_k) \tag{3.7}$$

为便于区分，本章将只使用图像级粗粒度标签作为训练监督信号的框架称为单任务学习(single task learning，STL)框架。进一步地，可以将视图级伪标签作为额外的训练监督信号，该框架称为MTL框架。需要注意的是，一般的NR-SIQA模型的输出仅是三维图像分数，并没有输出单视图分数的分支。因此，需要对每个测试的NR-SIQA模型进行改造，添加单视图质量预测分支，该操作将在3.3节中详细描述。使用f_m^x表示单视图质量预测分支，使用L2范式作为优化函数，可表示为

$$L(f_m^x;\boldsymbol{I}_{ix}^k,\widetilde{q}_{ix}^k)=|f_m^x(\boldsymbol{I}_{ix}^k)-\widetilde{q}_{ix}^k|^2 \tag{3.8}$$

式中，x的取值为{l, r}，表示左视图或者右视图。每批次训练的优化目标可表示为

$$L_b^v(f_m)=\frac{1}{|B|}\sum_{k\in B}\sum_{x\in\{\mathrm{l},\mathrm{r}\}}L(f_m^x;\boldsymbol{I}_{ix}^k,\widetilde{q}_{ix}^k) \tag{3.9}$$

MTL框架的最终优化目标为

$$L(f_m)=\lambda_1 L_b^I+\lambda_2 L_b^v \tag{3.10}$$

式中，λ_1和λ_2为两个参数，用于调整三维图像质量预测任务和单视图质量预测任务的权重。关于λ_1和λ_2的设置以及它们对各个模型的影响将在3.3节中详细探讨。

3.3 实验结果与分析

3.3.1 实验细节

为了更全面地比较不同的NR-SIQA模型，在四个公开的SIQA数据集上测试，包括LIVE Phase Ⅰ和Phase Ⅱ数据集以及Waterloo Phase Ⅰ和Phase Ⅱ数据集。测试的NR-SIQA模型共七个，包括Zhang16、Oh17、Fang19、Zhou19、DFNet、Zhou21和本书第2章提出的MLFF。根据左右视图的视觉特征交互方式，将测试模型分成以下两类。

(1)简单交互模型，是指只使用简单的方式融合双目语义特征的模型，包括Zhang16、Oh17、Fang19和Zhou21。它们的框架图如图3.5所示。Zhang16使用三个分支处理左右视图及它们的差异图，三个分支的输出向量直接连接并作为质量预测模块的输入；Oh17堆叠左右视图作为单一通道模型的输入，无显式的双目视觉特征交互；Fang19仅仅融合高层级语义特征；Zhou21直接融合左右视图的预测分数。

(2)复杂交互模型，是指使用复杂的方式融合双目语义特征，包括Zhou19、DFNet和MLFF。它们的框架图如图3.6所示。Zhou19和MLFF融合多层级语义特征，而DFNet仅融合中层级和高层级语义特征。Zhou19和MLFF的不同之处在于Zhou19以特征向量的方式融合，而MLFF以特征图的方式融合。

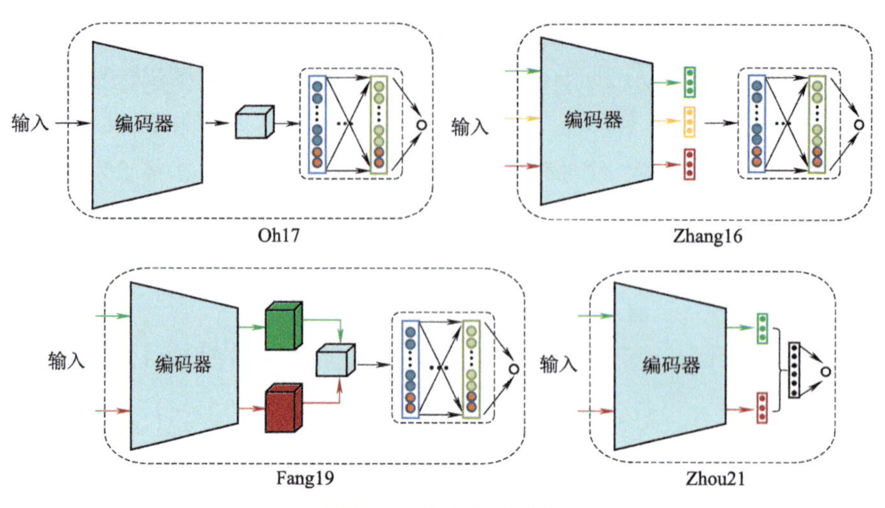

图 3.5 简单交互模型

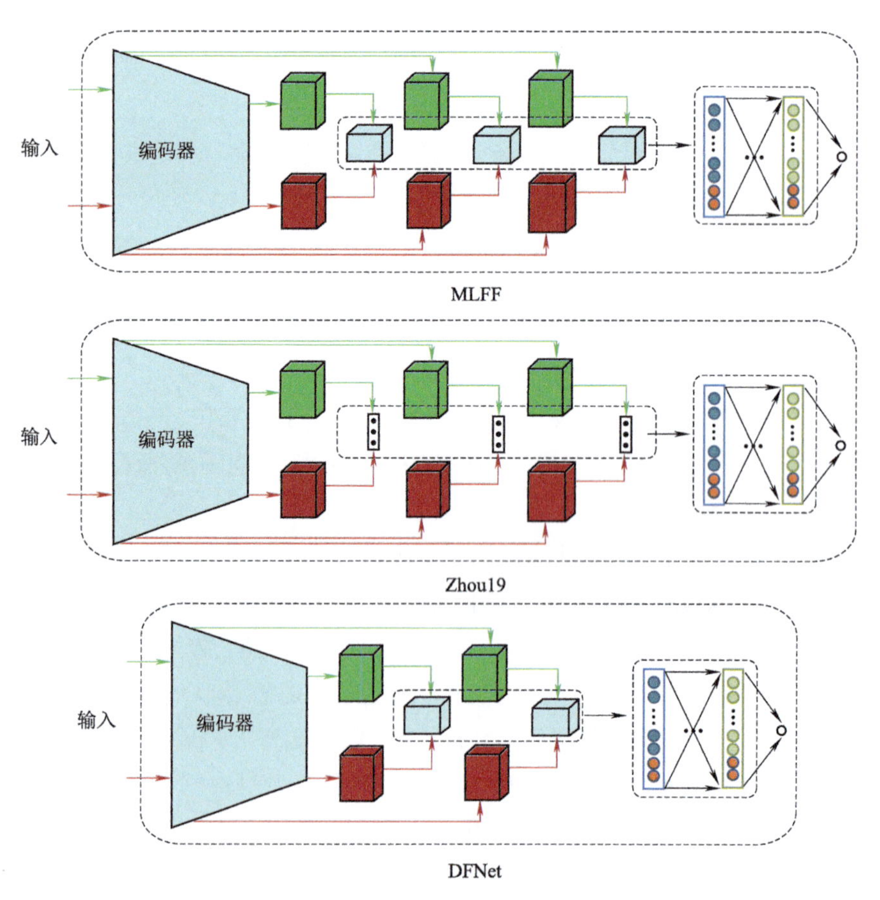

图 3.6 复杂交互模型

这些模型的详细总结和它们在 LIVE Phase Ⅰ 和 Phase Ⅱ 数据集以及 Waterloo Phase Ⅰ 数据集上的性能见表 3.2。

表 3.2 对比模型的详细总结

模型	输入	Flops	参数	LIVE Phase Ⅰ		LIVE Phase Ⅱ		Waterloo Phase Ⅰ	
				PLCC	SRCC	PLCC	SRCC	PLCC	SRCC
Zhang16	32×32	8.14M	117.45M	0.947	0.943	0.912	0.915	—	—
Oh17	18×18	11.86M	2.21M	0.943	0.935	0.863	0.871	—	—
Fang19	80×80	3.56G	17.43M	0.957	0.946	0.946	0.934	—	—
Zhou19	32×32	40.96M	7.37M	0.973	0.965	0.957	0.947	0.970	0.955
MLFF	80×80	10.16G	36.41M	0.962	0.950	0.946	0.938	—	—
DFNet	64×64	69.17M	1.24M	0.962	0.954	0.957	0.946	—	—
Zhou21	64×64	443.82M	178.63M	0.974	0.971	0.969	0.963	—	—

注:仅列出对比模型在 LIVE Phase Ⅰ、Phase Ⅱ 数据集和 Waterloo Phase Ⅰ 数据集上的性能。

考虑到这些 NR-SIQA 模型大部分没有开源,本章按照原论文描述使用 Pytorch 重新实现所有模型。需要注意的是,为了训练时模型更容易收敛,本章对 Oh17 和 Zhou21 做了简单调整。Oh17 原始设置中使用了五层 FCLs,修改成三层 FCLs,结构为 1 080→1 500→100→1。Zhou21 中的双目权重策略用一层 FCL 替代,结构为 128→1。训练时,使用 Kaiming 方法初始化参数,使用 Adam 优化器优化参数。使用 Warm Up 调整学习率,初始学习率设置成 e^{-5},当训练的迭代次数达到 5 时学习率增加到 e^{-3}。之后,学习率逐渐减小,直至训练结束。总迭代次数设置为 20,每个批次 B 包含 300 对三维图像。实验主要在一台服务器上完成,它包含 AMD Ryzen 5950X 16-Core 处理器,64 GB RAM 和两块 24 GB 显存的 NVIDIA GeForce RTX 3090 GPU,操作系统为 Ubuntu 20.04。

3.3.2 单任务学习框架实验结果与分析

STL 的实验结果见表 3.3~表 3.5。从整体的角度来看,所有的对比模型在四个公开的 SIQA 数据集上的性能相比原始论文中展示的性能有明显的下降(对比表 3.2 和表 3.3),原因在于本章构建的 SIQA 数据集和公开的数据集存在分布差异[178]。实验结果与文献[93]展示的结果是一致的,即 Fang19 在 LIVE Phase Ⅰ/Ⅱ 上训练在 LIVE Phase Ⅱ/Ⅰ 上测试时 PLCC 值分别下降了约 15%和 5%。实验结果证明了本章所描述的观点是合理的,即公开 SIQA 数据集有限的数据是阻碍 SIQA 发展的重要因素,也验证了本章构建大规模 SIQA 数据集的必要性。另外,观察表 3.3 不难发现,尽管 Fang19 和 Zhou21 只使用了简单的特征交互操作，但它们的性能比其他复杂交互模型好，这说明有效的单目视觉特征提取模块有助于 NR-SIQA 模型捕捉三维图像的降质。同时，Zhang16 和 Oh17 都表现得较差，前者只提取浅层特征而后者并未使用双目特征交互模块，这表明近几年提出的基于双目视觉感知的 NR-SIQA 在表征三维图像视觉质量时表现更加优异。从表 3.5 可以观察到，对比模型在 LIVE Phase Ⅰ 和 Phase Ⅱ 数据集上的平均性能优于它们在 Waterloo Phase Ⅰ 和 Phase Ⅱ 数据集上的平均性能，原因在于广泛应用在 IQA 任务中的基于块分割的训练测试策略是存在问题的，即训练时将图像分块并赋予图像块整张图像的主观分数作为标签数据，测试时将所有图像块的预测分数聚合得到图像的预测分数。图像块的分数和整张图像的分数是存在偏差的，因而直接将整张图像的主观分数作为图像块的标签存在问题。并且，当测试图像尺寸更大时这种偏差也将随之放大。实验结果说明高分辨率三维图像的视觉质量预测任务值得深入进一步研究和探索。

表 3.3　STL 框架的实验结果

数据集	LIVE Phase Ⅰ		LIVE Phase Ⅱ		Waterloo Phase Ⅰ		Waterloo Phase Ⅱ	
指标	PLCC	SRCC	PLCC	SRCC	PLCC	SRCC	PLCC	SRCC
Zhang16	0.750	0.747	0.710	0.690	0.673	0.416	0.656	0.418
Oh17	0.757	0.748	0.623	0.561	0.555	0.344	0.115	0.325
Fang19	**0.783**	**0.790**	**0.818**	**0.817**	**0.705**	**0.503**	**0.704**	**0.552**
Zhou19	0.742	0.741	0.735	0.719	0.684	0.545	0.688	0.475
MLFF	0.760	0.772	0.779	0.779	0.690	0.527	0.687	0.572
DFNet	0.757	0.772	0.790	0.794	0.681	0.521	0.682	0.566
Zhou21	**0.814**	**0.826**	**0.837**	**0.841**	**0.717**	**0.584**	**0.711**	**0.640**

表 3.4　STL 框架下每个模型在所有数据集上的平均实验结果

模型	指标	
	PLCC	SRCC
Zhang16	0.697	0.568
Oh17	0.513	0.495
Fang19	**0.753**	**0.666**
Zhou19	0.712	0.620
MLFF	0.729	0.663
DFNet	0.728	0.663
Zhou21	**0.770**	**0.723**

表 3.5　STL 框架下所有模型在每个数据集上的平均实验结果

数据集	指标	
	PLCC	SRCC
LIVE Phase Ⅰ	**0.766**	**0.771**
LIVE Phase Ⅱ	**0.756**	**0.743**
Waterloo Phase Ⅰ	0.672	0.491
Waterloo Phase Ⅱ	0.606	0.509

3.3.3 剥离实验

在上述 STL 框架中，为了公平比较和避免潜在的过拟合问题，所有的对比模型在本章构建的大规模 SIQA 数据集上训练时均使用相同的设置。然而，依然有一个重要的因素被忽略了，即模型的输入大小。为了兼顾输入大小和训练样本的数量，测试的模型均采用图像分块策略。如表 3.2 所示，测试的模型的输入大小最小是 18×18，最大是 80×80。毫无疑问，当前的输入设置是比较小的，如此小的感受野无法有效地获取语义信息。因此，使用小尺寸的左右视图块无法较好地表征整张三维图像。得益于本章构建的大规模 SIQA 数据集，训练数据短缺问题得到解决。本小节进一步地深入研究输入大小对模型性能的影响。因为每个测试的模型中存在 FCLs，如直接修改输入大小，最后一层特征层和第一层 FCL 的转换无法匹配。为了更好地开展关于输入大小对模型性能影响的实验，统一对每个测试的 NR-SIQA 模型进行修改，即在最后一层特征层和第一层 FCL 之间加入空间金字塔池化(spatial pyramid pooling，SPP)层[179]。如图 3.7 所示，SPP 层可以将任意大小的特征图转换成固定长度的特征向量。假定输入的特征图 FM 的大小为 $H\times W\times C$，H、W 和 C 分别表示 FM 的高、宽和通道数。对于每一个通道的特征图，都执行同样的操作，包括三个不同感受野大小的最大值池化，可将特征图转换成 16+4+1=21(维)的特征向量。因此，特征图 FM 经过 SPP 层的处理，将转换成 $21\times C$ 维的特征向量。除 Zhou19 之外，其他对比的 NR-SIQA 模型在 SPP 层之后，统一添加一层 FCL，结构为 128→1，用于预测三维图像的质量分数。Zhou19 中的每个全局池化层(共三个)都用 SPP 层替换，将三层 SPP 层的输出连接后，添加一层 FCL，结构为 256→1。

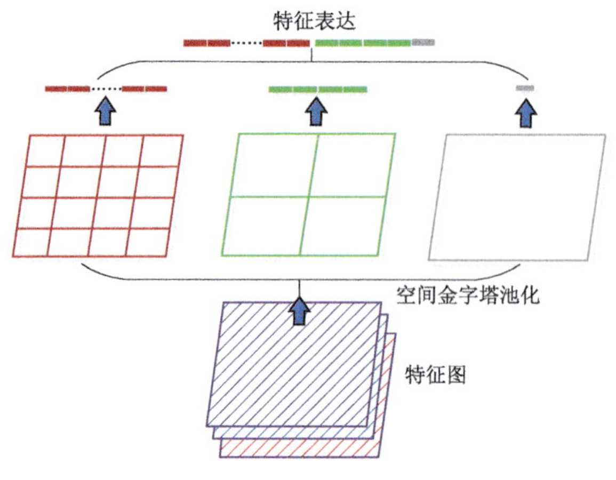

图 3.7　金字塔池化层

本实验中，测试的输入大小包括 128×128、192×192 和 256×256，实验结果如表 3.6～表 3.8 所示，下标 v 表示各个模型的变种。通过表 3.6～表 3.8 可以发现，当输入尺寸增加时，大部分测试的模型的性能也随之提升，这表明更大的感受野可以获得更接近整张图像的表达，也更有利于模拟双目视觉交互。然而，Oh17_v的表现却呈现相反的趋势，这是由于它自身的网络框架缺陷造成的。因为它的特征提取层过浅，当输入的尺寸增加时，SPP 层会让它丢失更多的信息，导致无法很好地表征三维图像的视觉质量。当输出大小为 256×256 时，参数量最大的两个模型 Fang19 和 MLFF 表现非常好，这得益于它们深层的特征提取子模块以及大量的学习参数，使得它们的表征能力更强。

表 3.6　输入大小对模型影响的实验结果

数据集	LIVE Phase Ⅰ		LIVE Phase Ⅱ		Waterloo Phase Ⅰ		Waterloo Phase Ⅱ	
指标	PLCC	SRCC	PLCC	SRCC	PLCC	SRCC	PLCC	SRCC
Zhang16_v(128)	0.771	0.786	0.683	0.675	0.577	0.448	0.610	0.521
Oh17_v(128)	0.846	0.857	0.705	0.691	0.554	0.470	0.585	0.522
Fang19_v(128)	0.762	0.771	0.723	0.719	0.697	0.503	0.688	0.545
Zhou19_v(128)	0.780	0.785	0.757	0.762	0.686	0.558	0.681	0.589
MLFF_v(128)	0.722	0.737	0.688	0.685	0.642	0.477	0.654	0.534
DFNet_v(128)	**0.831**	**0.839**	**0.810**	**0.811**	**0.697**	**0.626**	**0.712**	**0.674**
Zhou21_v(128)	**0.853**	**0.859**	**0.784**	**0.784**	**0.697**	**0.622**	**0.713**	**0.681**
Zhang16_v(192)	0.639	0.613	0.428	0.438	0.440	0.275	0.406	0.287
Oh17_v(192)	0.820	0.833	0.681	0.657	0.592	0.537	0.616	0.562

续上表

数据集	LIVE Phase Ⅰ		LIVE Phase Ⅱ		Waterloo Phase Ⅰ		Waterloo Phase Ⅱ	
指标	PLCC	SRCC	PLCC	SRCC	PLCC	SRCC	PLCC	SRCC
Fang19$_v$(192)	0.685	0.820	0.736	0.733	0.692	0.545	0.670	0.594
Zhou19$_v$(192)	**0.858**	**0.860**	**0.777**	**0.788**	**0.690**	**0.526**	**0.701**	**0.574**
MLFF$_v$(192)	0.803	0.813	0.776	0.768	0.691	0.481	0.670	0.500
DFNet$_v$(192)	0.806	0.816	0.754	0.754	0.687	0.612	0.695	0.658
Zhou21$_v$(192)	**0.817**	**0.819**	**0.770**	**0.772**	**0.690**	**0.620**	**0.705**	**0.676**
Zhang16$_v$(256)	0.707	0.717	0.567	0.548	0.477	0.251	0.449	0.250
Oh17$_v$(256)	0.816	0.814	0.635	0.622	0.550	0.422	0.551	0.454
Fang19$_v$(256)	0.853	0.856	0.801	0.800	0.734	0.674	0.709	0.656
Zhou19$_v$(256)	0.816	0.817	0.730	0.721	0.715	0.663	0.706	0.677
MLFF$_v$(256)	**0.880**	**0.882**	**0.806**	**0.803**	**0.730**	**0.657**	**0.710**	**0.675**
DFNet$_v$(256)	**0.857**	**0.857**	**0.748**	**0.736**	**0.750**	**0.762**	**0.735**	**0.751**
Zhou21$_v$(256)	0.819	0.827	0.772	0.768	0.671	0.630	0.686	0.670

表 3.7　输入大小对模型影响的平均实验结果

模型	指标		模型	指标		模型	指标	
	PLCC	SRCC		PLCC	SRCC		PLCC	SRCC
Zhang16$_v$(128)	0.660	0.608	Zhang16$_v$(192)	0.478	0.403	Zhang16$_v$(256)	0.550	0.442
Oh17$_v$(128)	0.673	0.635	Oh17$_v$(192)	0.677	0.647	Oh17$_v$(256)	0.638	0.578
Fang19$_v$(128)	0.718	0.635	Fang19$_v$(192)	0.696	0.673	Fang19$_v$(256)	0.774	0.747
Zhou19$_v$(128)	0.726	0.674	Zhou19$_v$(192)	0.757	0.687	Zhou19$_v$(256)	0.742	0.719
MLFF$_v$(128)	0.677	0.608	**MLFF**$_v$(192)	0.735	0.641	**MLFF**$_v$(256)	**0.782**	**0.730**
DFNet$_v$(128)	0.763	0.737	DFNet$_v$(192)	0.735	0.710	DFNet$_v$(256)	0.773	0.777
Zhou21$_v$(128)	0.762	0.737	Zhou21$_v$(192)	0.746	0.722	Zhou21$_v$(256)	0.737	0.724

表 3.8　输入大小对模型影响在不同数据集上的平均实验结果

数据集	指标	
	PLCC	SRCC
LIVE Phase Ⅰ (128)	0.795	0.805
LIVE Phase Ⅱ (128)	**0.736**	**0.732**
Waterloo Phase Ⅰ (128)	0.650	0.529
Waterloo Phase Ⅱ (128)	0.663	0.581

续上表

数据集	指标	
	PLCC	SRCC
LIVE Phase Ⅰ (192)	0.775	0.796
LIVE Phase Ⅱ (192)	0.703	0.701
Waterloo Phase Ⅰ (192)	0.640	0.514
Waterloo Phase Ⅱ (192)	0.638	0.550
LIVE Phase Ⅰ (256)	**0.821**	**0.824**
LIVE Phase Ⅱ (256)	0.723	0.714
Waterloo Phase Ⅰ (256)	**0.661**	**0.580**
Waterloo Phase Ⅱ (256)	**0.649**	**0.590**

进一步地，比较拥有相似框架的模型的性能。当输出大小为 256×256 时，MLFF 超过了它的前身 Fang19(当 MLFF 去掉多层级语义特征融合模块时，MLFF 将退化成 Fang19)，这表明更大的感受野有利于双目视觉感知。对于三个复杂特征融合模型 MLFF、Zhou19 和 DFNet，当输入大小为 192×192 时，Zhou19 获得最好的表现而 DFNet 获得最差的表现；当输入大小为 256×256 时，MLFF 的性能优于其他两个模型。相对于 Fang19，DFNet 的单目视觉特征提取模块设计得更加复杂，它的表现也更加稳定，这表明单目视觉特征提取和双目视觉交互值得共同研究。

总体而言，开展关于输入大小对模型性能影响的实验可以提供更多的角度去比较不同模型。相比简单的在同一数据集上“训练-测试”的传统范式，本小节的比较方式可以得到更全面的关于模型优劣的结论。

3.3.4 多任务学习框架实验结果与分析

本小节研究 MTL 框架，即引入额外的监督信号(视图级伪标签)对测试 NR-SIQA 模型性能的影响。验证额外的监督信号是否能够使得每个 NR-SIQA 模型不仅能学习三维图像对相对视觉质量的判别能力，同时能够引导模型学习到更强的单目视觉特征表达能力。在本实验中，只测试 Fang19、Zhou19、MLFF、DFNet 和 Zhou21，原因是 Oh17 直接堆叠左右视图作为网络的输入，并无单独的单目视觉特征提取模块；而 Zhang16 存在三个分支，其中处理深度图的分支无对应的监督信号。为了让本实验中的测试模型能够分别预测左右视图的视觉质量分数，需要简单地对测试模型的原始框架进行修改，即添加左右视图视觉质量预测模块。实际操作中，在每个测试模型的单目视觉特征提取模块的末端添加一层 SPP 层和一层 FCL，结构为 128→1。其中，SPP 用于聚合高层级语义特征；FCL 用于构建高层级语义特征与单视图质量分数之间的映射。修改后的测试模型如图 3.8 所示，每个模型的输出包括左右视图的预测分数和三维图像的预测分数。

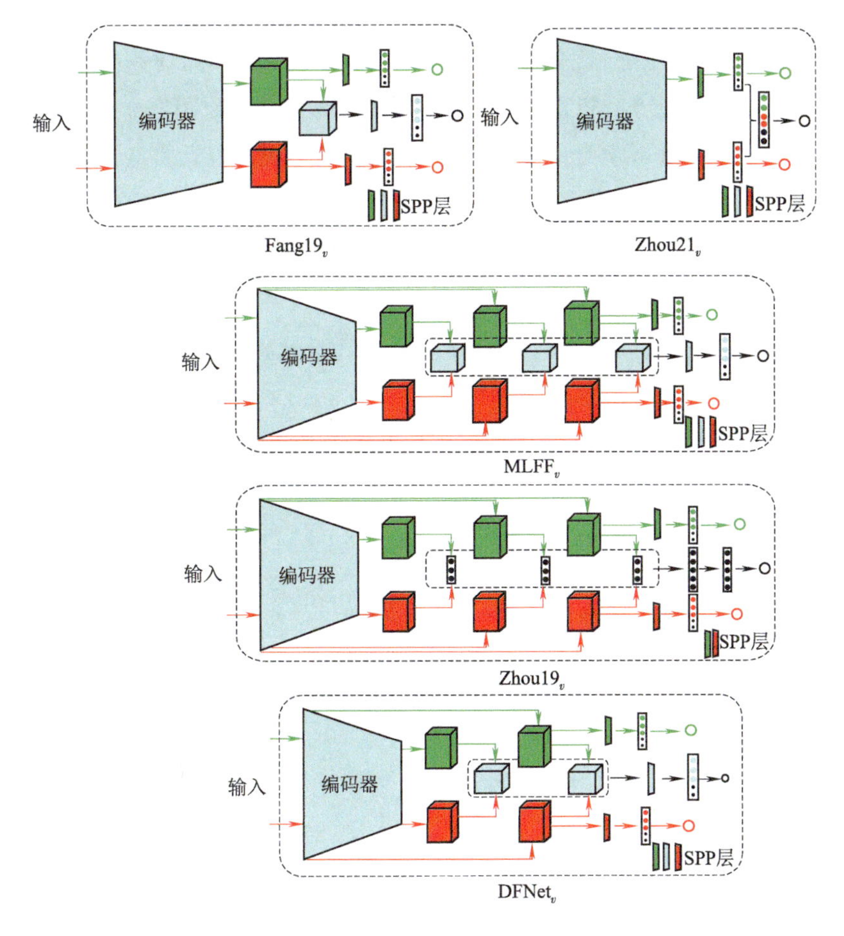

图 3.8　修改后的模型

考虑到当输入大小设置为 256×256 时，部分测试模型能够获得最优的性能。因此，本实验中所有测试模型的输入统一设置为 256×256，模型训练时优化目标如式(3.10)。本实验通过网格搜索的方式获得参数 λ_1 和 λ_2 的设置，它们的搜索空间为[0.05，0.1，0.2，0.5，1]。在四个公开主观 SIQA 数据集上的平均实验结果见表 3.9，展示 MTL 框架下每个模型获得的最优性能及相应的参数设置。从表 3.9 可观察到，额外的监督信号能够有效地提升每个模型的表征能力。由于模型框架的差异，λ_1 和 λ_2 的设置稍有不同。对比 MLFF$_v$ 和 Zhou19$_v$，尽管它们拥有类似的框架，但 MLFF_v可以获得最佳的性能，这表明使用图像级粗粒度标签和视图级伪标签共同作为监督信号使得拥有更多参数的模型 MLFF_v能够更好地表征大量的三维图像训练数据。同时，Zhou19_v以特征向量的形式融合双目视觉特征是它表现更差的原因之一。此外，Zhou21_v不同于其他四个模型，当 λ_1 设置为 0.5、λ_2设置为 1(即在联合优化过程中三维图像视觉质量预测任务的权重低于单视图视觉质量预测任务的权重)时，它能获得最佳的性能，原因在于 Zhou21_v的两个任务共享了大部分可学习参数，作为辅助任务的单视图视觉质量预测能够以更加直接的方式优化参数，而主任务以排序学习这种相对不确定的方式优化。实验结果证明本章构建的 SIQA 数据集生成视图级伪标签是十分必要的，它可以用于训练更加鲁棒的 NR-SIQA 模型。

表 3.9　MTL 框架的平均实验结果

设置	单任务		多任务		参数	
指标	PLCC	SRCC	PLCC	SRCC	λ_1	λ_2
Fang19_v(256)	0.753	0.666	**0.805**	**0.803**	1	0.1
Zhou19_v(256)	0.712	0.620	**0.763**	**0.667**	1	0.1
MLFF_v(256)	0.729	0.663	**0.824**	**0.828**	1	0.2
DFNet_v(256)	0.728	0.663	**0.806**	**0.816**	1	0.1
Zhou21_v(256)	0.770	0.723	**0.806**	**0.816**	0.5	1

小　结

本章针对 SIQA 研究中公开数据集中数据量过少而导致基于 CNN 的 NR-SIQA 模型评估可信度不足的问题，开展基于弱监督学习的 SIQA 研究，旨在以相对公平和更加全面的角度去分析基于 CNN 的 NR-SIQA 模型的优点和不足。首先，为了解决数据量过少的问题，构建迄今最大的 SIQA 数据集，包含 1 000 张参考三维图像、20 000 张失真三维图像和超过 680 000 组三维图像对。考虑到收集三维图像主观分数非常耗时耗力，本章依赖先验知识和 FR-IQA 模型分别自动生成三维图像对图像级粗粒度标签(标定三维图像对中视觉质量更好的三维图像和视觉质量更差的三维图像)和三维图像视图级伪标签(以客观模型生成的分数替代单视图的主观分数)。得益于失真三维图像(对)以及图像级粗粒度标签和视图级伪标签均可自动生成，本章提出的 SIQA 数据集极具可扩展性，可从内容多样性和失真类型多样性角度扩大本章提出的数据集规模。其次，基于构建的 SIQA 数据集，重新训练七个主流的基于 CNN 的 NR-SIQA 模型，目的是通过使用大量的数据训练模型，最大程度上验证各个模型的表示能力。为了公平比较，使用相同的指标计算重新训练的模型在公开主观数据集上的性能。初始实验结果发现，所有测试的 NR-SIQA 模型在公开主观数据集上的性能相对之前的测试性能存在明显的下降，测试的模型在图像尺寸更大的数据集 Waterloo Phase Ⅰ 和 Phase Ⅱ 上的性能更差；使用多层的或先进的单目视觉特征提取模块的简单模型可以获得不错的性能。进一步地，验证输入大小和额外的监督信号对 NR-SIQA 模型的影响。实验发现，更大尺寸的输入能够使得大多数模型的性能获得提升，额外的监督信号可以给所有测试模型带来性能增益，特别是使用多层级语义特征的模型 MLFF(本书第 2 章提出的模型)。总体而言，通过大量的实验，本章的研究可以从更多角度去比较不同的模型，深入分析不同模型的优点和劣势。期望本章的研究结论能够有助于下一代 NR-SIQA 模型的发展。

第 4 章

融合局部感知和全局建模的合成图像质量评价

早期 IQA(2D 图像、三维图像等)的研究始于模拟失真,也称合成失真。如本书第 3 章构建 SIQA 数据集的策略,先收集到参考图像,然后通过人工加噪声的方式生成失真图像,该类图像中的失真呈现均匀分布,即图像中的每个区域的失真程度是相同的。随着多媒体技术的快速发展和广泛应用,研究人员关注的失真问题的范围越来越广,包括真实失真和算法相关失真[14]。真实失真是指视觉信号在生成的过程中,由于恶劣的拍摄环境等外在因素或成像设备中的器件损坏问题、内置处理算法本身性能问题等内在因素引入的失真。一般而言,真实失真可能呈现均匀分布或非均匀分布,如拍摄时手持设备不稳而引入的模糊为均匀分布,拍摄设备部分传感器有损引入的失真为非均匀分布的。实际处理中,真实失真主要被假定为均匀分布,因而处理过程中主要基于分块策略[9]。算法相关失真主要指算法在处理视觉信号的过程中引入的降质问题,比如,多曝光图像融合过程中出现的"鬼影"[180],以及高动态范围图像映射至低动态范围图像过程中出现的颜色失真问题[181]。因此,在处理算法相关失真时需要考虑失真的特点,进而设计合适的质量评价模型。

本章研究的合成图像质量评价(SYIQA)问题涉及 DIBR 失真。DIBR 合成虚拟视点图像是为了提供比固定视角的三维图像更多的视角,该过程中引入的 DIBR 失真属于算法相关失真,呈现非均匀分布。模拟失真、真实失真和 DIBR 失真示例如图 4.1 所示,DIBR 失真主要包括黑洞、拉伸和扭曲等,失真主要出现在人物或物体周围。针对 DIBR 失真,研究人员陆续提出很多方法,包括 FR-SYIQA[105-107,110,111]、RR-SYIQA[108,109]和 NR-SYIQA 方法[112,117]。FR-SYIQA 和 RR-SYIQA 的研究重点在于定位合成图像中的失真区域以及将局部失真度量进一步转化成全局视觉质量的计算;NR-SYIQA 方法侧重在设计有效的特征表达,用于表征合成图像的视觉质量变化。尽管陆续有 NR-SYIQA 方法被提出，并且它们的性能超越了 FR-SYIQA 和 RR-SYIQA 方法，但是总体而言，NR-SYIQA 方法的有效性依然有较大的提升空间。

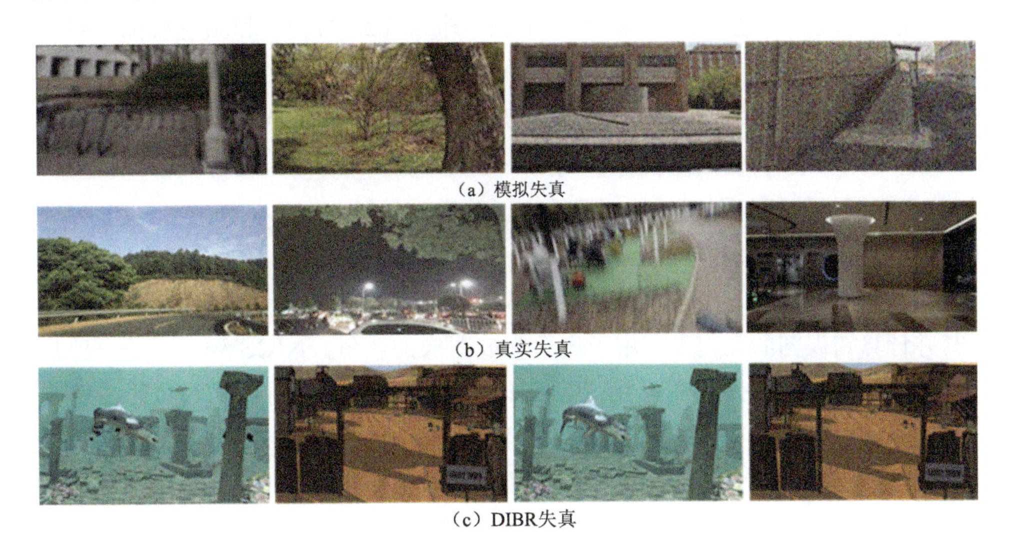

（a）模拟失真

（b）真实失真

（c）DIBR失真

图 4.1　模拟失真、真实失真和 DIBR 失真的图像示例

注：(a)和(b)中图像保持了原始的纵横比，对(c)中图像做了简单的水平拉伸操作。

实际上，DIBR 过程引入的局部失真不仅影响 HVS 对图像内容的局部感知，也将对整张图像的视觉质量产生很大的影响。比如，使用两个黑洞修复算法分别修补同一张合成图像，其中一个算法可以很好地修复人物周围的黑洞而处理背景区域时容易造成扭曲失真，另一个算法在修复人物周围的黑洞时容易引入模糊失真但可很好地处理背景区域。此时，两个修复算法分别得到的合成图都存在局部失真，但是两张合成图像的视觉质量存在差异，因为局部失真对它们的全局视觉质量的影响是不一样的。受这个事实的启发，本章提出融合局部感知和全局建模的 NR-SYIQA 模型，分别用于计算局部变化（local variation，LV）和全局变化（global change，GC）。为了简洁，本章提出的方法用 LVGC 表示。考虑到 HVS 对结构信息和颜色信息很敏感，本章使用结构信息和颜色信息共同度量 LV；考虑到图像自然性可以很好地表征图像整体视觉质量的变化，本章使用亮度自然性和结构自然性捕捉 GC。需要注意的是，本章主要关注 DIBR 引入的失真并设计有效的特征表达，本章提出的 LVGC 的建模思想也可以用于其他 IQA 模型的设计中。

对于 LV 的度量，LVGC 首先计算合成图像的高斯导数特征图和颜色特征图。受 HVS 的中心环绕机制的启发，LVGC 使用局部二值模式(local binary pattern，LBP)[182]分别编码高斯导数特征图和颜色特征图中相邻像素的结构相关性和颜色连续性。进一步地，聚合编码特征图，提取结构特征和颜色特征。对于 GC 的度量，LVGC 首先通过局部归一化操作计算合成图像的亮度图和结构图，使用拟合分布的参数作为自然性特征。LVGC 使用两部分特征共同表征合成图像质量变化。最后，使用随机森林回归(random forest regression，RFR)模型[183]构建合成图像特征与主观分数之间的映射关系。

本章提出的方法和现有 NR-SYIQA 方法的存在较明显的区别。具体而言，APT[113]使用自回归生成预测图，进一步使用图像描述子生成合成图像的错误图，并计算错误图的几何失真用于表示合成图像的质量。NIQSV+[115]是一种基于区域的方法，它首先检测模糊、黑洞和扭曲等区域，并分别计算不同区域的分数，然后通过一个基于学习的自适应权重融合这些分数。Zhou191[115]使用边缘统计和纹理自然性度量合成图像视觉质量变化，它所有的特征提取操作都是基于高斯差分(difference of Gaussian，DOG)特征图的。APT 和 Zhou191 都是在单一的特征图上提取特征，因此它们的特征表达能力存在一定的限制。而本章提出的方法 LVGC 从多个角度考虑合成图像的失真问题，即使用多种特征表示 LV 和 GC，并将它们共同用于感知合成图像的视觉质量。相比于 NIQSV+，LVGC 的设计思想更容易扩展到其他 IQA 任务上。

本章的创新点包括以下三点：

(1)考虑到 DIBR 引入的失真呈现局部分布以及 HVS 对结构信息和颜色信息的敏感特性，本章提出使用结构特征和颜色特征的局部表达共同度量局部失真。

(2)受 HVS 中心环绕机制的启发，使用 LBP 编码用于提取结构特征的高斯导数特征图和用于提取颜色特征的色度特征图和颜色角度特征图，形成最终的局部特征表示。

(3)考虑到 DIBR 引入的局部失真对整张图像的视觉质量有较大影响，使用亮度自然性和结构自然性感知合成图像的 GC。

4.1 模型描述

本章提出的模型如图 4.2 所示，研究重点在于局部感知和全局建模，分别用于度量 LV 和 GC。对于 LV，使用结构和颜色特征表示；对于 GC，使用亮度和结构特征全局自然性表示。获取到合成图像的特征后，使用 RFR 模型训练 NR-SYQA 模型。本小节将详细描述每部分的特征提取过程。

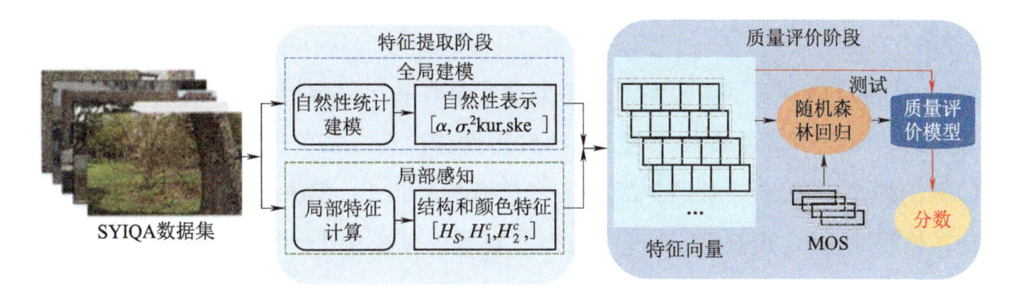

图 4.2 本章提出的模型

4.1.1 结构特征

结构特征计算包括计算高斯导数特征图、编码和特征提取。首先，使用局部泰勒展开式[184-185]提取合成图像的结构特征图，通过局部高斯导数计算得到，计算方式为

$$j_{h^m s^n}^{\sigma}=\frac{\partial^{m+n}G^{\sigma}(h,s,\sigma)}{\partial_h^m\partial_s^n}*\boldsymbol{I} \tag{4.1}$$

式中，h 和 s 分别表示水平方向和竖直方向；m 和 n 分别对应两个方向导数的阶数，(m,n)的取值为$\{(1,0),(0,1),(1,1),(2,0),(0,2)\}$；$*$ 表示卷积操作；G 表示二维高斯函数；σ 表示标准差。G 的计算方式为

$$G^{\sigma}(h,s,\sigma)=\frac{1}{2\pi\sigma^2}\exp\left(-\frac{h^2+s^2}{2\sigma^2}\right) \tag{4.2}$$

通过式(4.1)，可以获得一组结构特征图 $\boldsymbol{J}$，表示为

$$\boldsymbol{J}=[\boldsymbol{j}_{m,n}(h,s)\mid(h,s)\in\boldsymbol{I},1\leqslant m+n\leqslant 2] \tag{4.3}$$

受研究[184,185]启发，进一步使用二阶高斯导数提取结构特征。首先通过旋转不变性(rotation invariant uniform)LBP(ULBP)对结构特征图 $\boldsymbol{J}$ 进行编码。LBP 被广泛应用在与图像结构紧密相关的任务当中，如 IQA[53,54,87]、烟雾分类[186,187]与识别和人脸识别[188]等。结构特征提取过程表示为

$$\boldsymbol{SW}_{m,n}^{\mathrm{ds}}=\mathrm{ULBP}(|\boldsymbol{j}_{m,n}|) \tag{4.4}$$

式中，ds 的取值为$\{1,2,3,4,5\}$，分别对应着编码后的二阶高斯导数特征图。原

始 LBP 的数学表示为

$$\mathrm{LBP}_E^R = \sum_{n=0}^{E-1} \theta\left[\boldsymbol{I}(n)-\boldsymbol{I}(c)\right]2^n \tag{4.5}$$

$$\theta[\boldsymbol{I}(n)-\boldsymbol{I}(c)]=\begin{cases}1,(\boldsymbol{I}(n)-\boldsymbol{I}(c))\geqslant 0\\0,(\boldsymbol{I}(n)-\boldsymbol{I}(c))<0\end{cases} \tag{4.6}$$

式中，E 和 R 分别表示中心像素周围的像素个数和局部区域的半径；$\boldsymbol{I}(c)$ 表示中心像素。LBP 不具备旋转不变性，即旋转图像之后 LBP 值会发生变化。并且 LBP 的模式较多，会导致图像的表示非常稀疏。ULBP 解决了上述问题，它具备旋转不变性，模式共 $E+2$ 种，包括 $E+1$ 种等价模式和 1 种非等价模式。ULBP 的数学表示为

$$\mathrm{ULBP}_E^R = \begin{cases}\sum_{n=0}^{E-1} \theta[\boldsymbol{I}(n)-\boldsymbol{I}(c)], \Psi \leqslant 2\\ E+1, \qquad\qquad 其他\end{cases} \tag{4.7}$$

$$\Psi = \| \theta[\boldsymbol{I}(E-1)-\boldsymbol{I}(c)]-\theta[\boldsymbol{I}(0)-\boldsymbol{I}(c)] \| + \sum_{n=0}^{E-1} \| \theta[\boldsymbol{I}(n)-\boldsymbol{I}(c)]-\theta[\boldsymbol{I}(n-1)-\boldsymbol{I}(c)] \| \tag{4.8}$$

式中，Ψ 用于计算 0～1 和 1～0 的跳变次数。计算得到二阶高斯导数特征图之后，与式(4.3)中提到的结构特征图 $\boldsymbol{J}$ 共同编码。首先将不同方向的结构特征图进行融合，计算式为

$$\widetilde{\boldsymbol{J}}=\sqrt{(\boldsymbol{j}_{1,0})^2+(\boldsymbol{j}_{0,1})^2+0.25(\boldsymbol{j}_{2,0}+\boldsymbol{j}_{0,2})^2+0.25[(\boldsymbol{j}_{2,0}-\boldsymbol{j}_{0,2})^2+4(\boldsymbol{j}_{1,1})^2]} \tag{4.9}$$

然后结合融合后的结构特征图 $\widetilde{\boldsymbol{J}}$ 与 ULBP 编码得到二阶高斯导数特征图，即根据不同的编码模式统计相应的特征值，计算方式为

$$H^s(k) = \sum_{i=1}^{N} \widetilde{\boldsymbol{J}}(i)\Delta[\boldsymbol{SW}_{m,n}^s(i),k] \tag{4.10}$$

$$\Delta(x_1,x_2)=\begin{cases}1, x_1=x_2\\0, 其他\end{cases} \tag{4.11}$$

式中，N 表示特征图中像素点的个数；k 表示 ULBP 的取值，$k\in[0,E+1]$。最后，对获得的特征进行归一化操作。参考图像和合成图像的结构特征图($m=2$，$n=0$)和特征分布如图 4.3 所示，不同质量的图像对应的特征分布存在明显的差异。

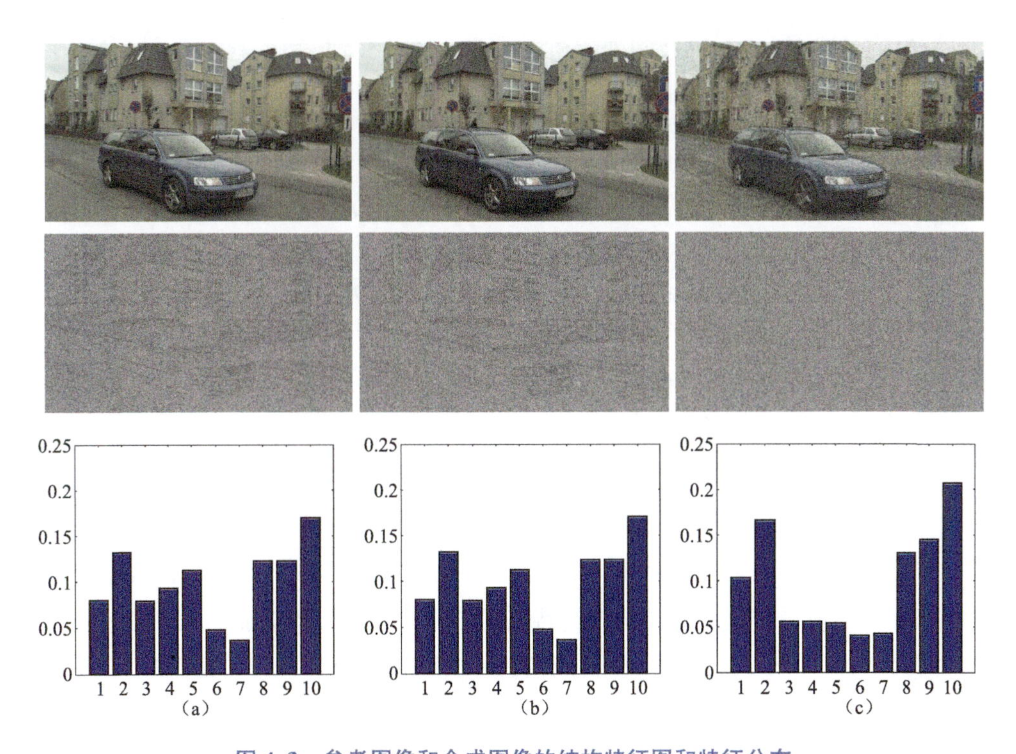

图 4.3　参考图像和合成图像的结构特征图和特征分布

注：第一行从左到右分别是参考图像和合成图像，第二行和第三行分别对应结构特征图和结构直方图。

4.1.2 颜色特征

颜色特征计算包括计算色调和角度特征图、编码和特征聚合。该部分特征通过两种颜色提取描述子计算得到。第一种描述子用于提取图像的色调信息，计算方式为

$$\boldsymbol{\chi}_1=\frac{1}{(\boldsymbol{O}_1)^2+(\boldsymbol{O}_2)^2} \tag{4.12}$$

$$\boldsymbol{O}_1=\frac{\boldsymbol{R}-\boldsymbol{G}}{\sqrt{2}} \tag{4.13}$$

$$\boldsymbol{O}_2=\frac{\boldsymbol{R}+\boldsymbol{G}-2\boldsymbol{B}}{\sqrt{6}} \tag{4.14}$$

式中，$\boldsymbol{R}$、$\boldsymbol{G}$ 和 $\boldsymbol{B}$ 分别表示图像的红色、绿色和蓝色通道。类似于结构特征提取，在获取到图像的色调特征图之后，使用 ULBP 对色调特征图进一步编码，并将其转换成特征向量，使用 $\boldsymbol{H}^{c1}$ 表示，计算方式为

$$\boldsymbol{H}^{c1}(k)=\sum_{i=1}^{N}\boldsymbol{\chi}_1\Delta[\mathrm{ULBP}(\boldsymbol{\chi}_1),k] \tag{4.15}$$

第二种描述子用于提取图像的角度信息，计算方式为

$$\boldsymbol{\chi}_2=\arctan\frac{\boldsymbol{\varphi}}{\boldsymbol{\psi}} \tag{4.16}$$

$$\boldsymbol{\varphi}=\frac{\boldsymbol{R}\times(\boldsymbol{B}'-\boldsymbol{G}')+\boldsymbol{G}\times(\boldsymbol{R}'-\boldsymbol{B}')+\boldsymbol{B}\times(\boldsymbol{G}'-\boldsymbol{R}')}{\sqrt{2(\boldsymbol{R}^2+\boldsymbol{G}^2+\boldsymbol{B}^2-\boldsymbol{R}\times\boldsymbol{G}-\boldsymbol{R}\times\boldsymbol{B}-\boldsymbol{G}\times\boldsymbol{B})}} \tag{4.17}$$

$$\boldsymbol{\psi}=\frac{\boldsymbol{R}\times\boldsymbol{\rho}+\boldsymbol{G}\times\boldsymbol{\delta}+\boldsymbol{B}\times\boldsymbol{\tau}}{\sqrt{6(\boldsymbol{R}^2+\boldsymbol{G}^2+\boldsymbol{B}^2-\boldsymbol{R}\times\boldsymbol{G}-\boldsymbol{R}\times\boldsymbol{B}-\boldsymbol{G}\times\boldsymbol{B})}} \tag{4.18}$$

$$\boldsymbol{\rho}=2\boldsymbol{R}'-\boldsymbol{G}'-\boldsymbol{B}' \tag{4.19}$$

$$\boldsymbol{\delta}=2\boldsymbol{G}'-\boldsymbol{R}'-\boldsymbol{B}' \tag{4.20}$$

$$\boldsymbol{\tau}=2\boldsymbol{B}'-\boldsymbol{R}'-\boldsymbol{G}' \tag{4.21}$$

式中，$\boldsymbol{R}'$、$\boldsymbol{G}'$和$\boldsymbol{B}'$分别表示$\boldsymbol{R}$、$\boldsymbol{G}$和$\boldsymbol{B}$的一阶高斯导数特征图。

在获取角度特征图$\boldsymbol{\chi}_2$之后，进一步提取角度特征。与色调特征提取方式一致，首先使用ULBP对角度特征图$\boldsymbol{\chi}_2$进行编码，然后使用编码后的特征图联合角度特征图$\boldsymbol{\chi}_2$，将其转换成最终的角度特征向量。参考图像和合成图像的颜色特征图和特征分布如图4.4所示，特征图和特征分布可以反映出失真的程度。

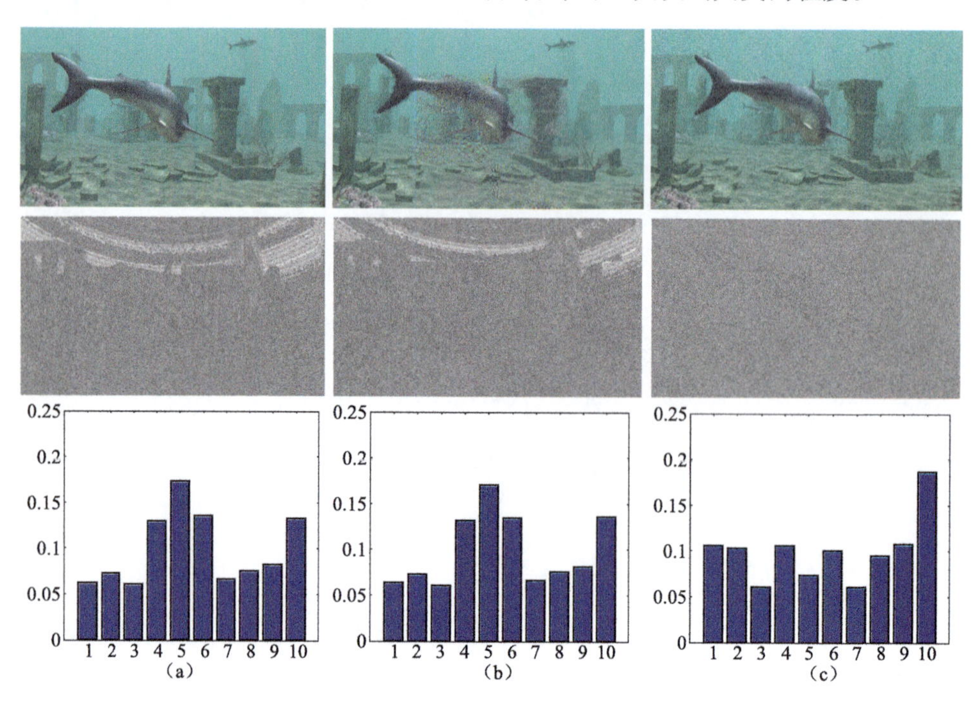

图4.4　参考图像和合成图像的颜色特征图和特征分布

注：第一行从左到右分别是参考图像和合成图像，第二行和第三行分别对应颜色特征图和颜色直方图。

4.1.3 全局自然性

图像 NSS 特征被广泛应用于 IQA 领域，是主流的特征提取方式之一[47,53]。在本小节中，使用 NSS 特征获取图像的全局自然性，该操作的假设是高质量的合成图像给用户的观看体验比低质量的合成图像所提供的观看体验更加自然。第一部分的 NSS 特征用于度量亮度信息的自然性，其计算方式为

$$\boldsymbol{L}'(i,j)=\frac{\boldsymbol{I}(i,j)-\boldsymbol{\mu}(i,j)}{\boldsymbol{\sigma}(i,j)+1} \tag{4.22}$$

$$\boldsymbol{\mu}(i,j)=\sum_{a=-3}^{3}\sum_{b=-3}^{3}\boldsymbol{w}(a,b)\boldsymbol{L}(i+a,j+b) \tag{4.23}$$

$$\boldsymbol{\sigma}(i,j)=\sqrt{\sum_{a=-3}^{3}\sum_{b=-3}^{3}\boldsymbol{w}(a,b)\left[\boldsymbol{L}(i+a,j+b)-\boldsymbol{\mu}(i+a,j+b)\right]^2} \tag{4.24}$$

式中，$\boldsymbol{L}'$表示亮度特征图；i 和 j 表示空间坐标，$i\in\{1,2,\cdots,H\}$，$j\in\{1,2,\cdots,W\}$；$\boldsymbol{w}$ 表示一个二维高斯权重矩阵，维度为 7×7。亮度图可使用一个零均值的 GGD 模型拟合，GGD 模型的数学表示为

$$F(x;\alpha,\sigma^2)=\frac{\alpha}{2\beta\Gamma(1/\alpha)}\exp[-(|x|/\beta)^{\alpha}] \tag{4.25}$$

$$\beta=\alpha\sqrt{\frac{\Gamma(1/\alpha)}{3/\alpha}} \tag{4.26}$$

$$\Gamma(x)=\int_0^{\infty}t^{t-1}\mathrm{e}^{-t}\mathrm{d}t \tag{4.27}$$

得到拟合的 GGD 模型之后，使用 GGD 模型的两个参数 α 和 σ^2 度量图像全局自然性。另外，计算亮度特征图的峰度和偏态，分别用 kur 和 ske 表示，计算方式为

$$\mathrm{kur}=\frac{\frac{1}{HW}\sum_{i=1}^{H}\sum_{j=1}^{W}(\boldsymbol{L}'(i,j)-\overline{\boldsymbol{L}'})^4}{\left[\frac{1}{HW}\sum_{i=1}^{H}\sum_{j=1}^{W}(\boldsymbol{L}'(i,j)-\overline{\boldsymbol{L}'})^2\right]^2} \tag{4.28}$$

$$\mathrm{ske}=\frac{\frac{1}{HW}\sum_{i=1}^{H}\sum_{j=1}^{W}(\boldsymbol{L}'(i,j)-\overline{\boldsymbol{L}'})^3}{\left[\frac{1}{HW}\sum_{i=1}^{H}\sum_{j=1}^{W}(\boldsymbol{L}'(i,j)-\overline{\boldsymbol{L}'})^2\right]^{\frac{3}{2}}} \tag{4.29}$$

第二部分的 NSS 特征用于度量结构信息自然性。特征提取方式与式(4.25)～式(4.29)描述的一致，输入为合成图像的高频特征图，即计算合成图像与其低通

图的差异图。亮度 NSS 特征和结构 NSS 特征均是 4 维。

4.1.4 质量回归模型

考虑到 HVS 在感知视觉信息时存在多尺度感知特性，即人类在观察和理解视觉信息时能够根据观看距离等观看条件自适应地调整[30]，本章提取多尺度特征用于表征合成图像质量，默认尺度设置为 5。具体地，通过降采样操作获得图像金字塔，然后提取金字塔每层图像的结构特征、颜色特征和全局自然性。总体而言，每一张图像用 390 维的特征表示，包括 350 维的局部特征和 40 维的全局特征。特征总结见表 4.1。

表 4.1 提出的方法使用的特征总结

类　型	符　号	ID
结构信息	$\boldsymbol{H}^{s}$	$F_1 \sim F_{250}$
颜色信息	$\boldsymbol{H}^{c1}$、$\boldsymbol{H}^{c2}$	$F_{251} \sim F_{350}$
自然性	α、σ^2、kur、ske	$F_{351} \sim F_{390}$

本章使用 RFR 模型[189]构建视觉特征与主观分数之间的映射[115]。在每个主观数据集上训练测试时，随机将主观数据集划分出 80%的数据用作训练集，20%的数据用作测试集。为了避免由于数据集随机划分带来的影响，本过程重复 1 000次，取平均性能作为最终性能。该测试方法也是基于特征工程的 NR-IQA 模型性能计算的常用策略[51,53,55]。

4.2 实验结果与分析

本章在三个公开数据集上测试 LVGC 的性能，使用的公开数据集包括 IETR DIBR 数据集[105]、MCL-3D 数据集[134]和 IRCCyN/IVC 数据集[135]。对比的方法包括 PSNR、SSIM[27]、BRISQUE[49]、NIQE[49]、NRSL[55]、GM-LOG[52]、MP-PSNR[107]、MP-PSNRr[108]、MW-PSNR[109]、MW-PSNRr[109]、Bosc11[105]、VSQA[106]、3DSwIM[110]、LOGS[111]、Zhou191[115]、APT[113]和 NIQSV+[115]，共 17 个。其中，PSNR 和 SSIM 是两个主流的 FR-IQA 方法；BRISQUE、NIQE、NRSL 和 GM-LOG 均是基于 NSS 特征的，不同的是 BRISQUE 和 NIQE 使用亮度特征拟合得到的分布的参数作为特征，而 NRSL 和 GM-LOG 使用直方图表示 NSS 特征；其

他方法都是针对合成图像设计的，MP-PSNR、MW-PSNR、Boscl1、VSQA、3DSwIM 和 LOGS 属于 FR-SYIQA 方法，MP-PSNRr 和 MW-PSNRr 属于 RR-SYIQA 方法。

4.2.1 对比实验

对比实验结果见表 4.2 和表 4.3。从表 4.2 和表 4.3 可观察到，测试的 IQA 方法在三个数据集上的性能差异较为明显，原因在于不同数据集中的合成图像的失真情况是有差异的，和它们的合成算法是相关的。不同于模拟失真[78,79,83,133]，DIBR 引入的失真呈现非均匀局部分布。如图 4.5 所示，图(a)中地面上出现了混乱和复杂的噪声，图(b)中墙面上存在类似于模糊的失真，而图(c)和(d)至少有两个有明显失真的区域。PSNR 和 SSIM 分别以逐像素的形式和逐区域的形式计算每个像素的保真度和每个区域的失真情况，在聚合每个像素的保真度和每个区域的失真情况时是以相同的权重值对待每个像素和每个区域。因此，它们无法较为准确地预测合成图像的视觉质量。尽管本章提出的 LVGC 并没有设计特别的策略去检测合成图像中的失真区域，或者设计特别的权重策略差异化对待失真区域和其他区域。然而，LVGC 通过局部特征表达和全局自然性建模捕捉合成图像中的非均匀分布失真，使用 RFR 模型自适应学习 HVS 对不同区域失真的敏感性。通过构建局部感知特征和全局自然性特征与主观分数之间的映射，LVGC 可以避免手工设计权重策略用于聚合不同区域的分数的问题。

表 4.2　本章提出的方法与 FR 和 RR-IQA 方法的性能比较

数据集	MCL-3D		IRCCyN/IVC		IETR-DIBR	
模型	PLCC	SRCC	PLCC	SRCC	PLCC	SRCC
PSNR	0.732	0.741	0.398	0.310	0.601	0.536
SSIM	0.777	0.784	0.485	0.437	0.402	0.240
MP-PSNR/MP-PSNRr	0.786/0.774	0.792/0.780	0.617/0.677	0.623/0.663	0.575/0.606	0.551/0.587
MW-PSNR/MW-PSNRr	0.765/0.780	0.772/0.785	0.562/0.574	0.576/0.625	0.530/0.540	0.485/0.495
Boscl1	0.445	0.408	0.584	0.491	—	—
VSQA	0.508	0.512	0.574	0.523	—	—
3DSwIM	0.790	0.793	0.654	0.635	—	—
LOGS	0.761	0.758	0.826	0.781	0.669	0.668
LVGC	**0.946**	**0.943**	**0.861**	**0.824**	**0.688**	**0.626**

表 4.3　本章提出的方法与 NR-IQA 方法的性能比较

数据集	MCL-3D		IRCCyN/IVC		IETR-DIBR	
模型	PLCC	SRCC	PLCC	SRCC	PLCC	SRCC
BRISQUE	0.664	0.628	0.666	0.662	0.470	0.433
NIQE	0.736	0.686	0.783	0.760	0.593	0.556
NRSL	0.907	0.898	0.608	0.581	0.525	0.492
GM-LOG	0.874	0.869	0.628	0.664	0.461	0.419
Zhou191	0.912	0.911	0.859	0.811	—	—
APT	0.380	0.177	0.731	0.716	0.423	0.419
NIQSV＋	0.407	0.213	0.711	0.667	0.210	0.219
LVGC	**0.945**	**0.943**	**0.861**	**0.824**	**0.688**	**0.626**

对于对比的 NR-IQA 模型 BRISQUE、NRSL 和 GM-LOG，它们的参数设置与原论文保持一致，训练和测试的过程如本章 4.2.4 小节所述。对于模型 NIQE，训练过程中它只需要使用高质量图像，因此直接使用训练好的参数。对于 Zhou191、APT 和 NIQSV＋，直接使用原论文中给出的性能。需要注意的是，APT 的训练过程和其他 NR-IQA 模型不同，它在训练过程中不需要使用主观分数，而是通过自回归模型计算结构特征的差异来度量合成图像视觉质量。如表 4.2所示，相对于 NR-SYIQA 模型，针对 2D 图像设计的 NR-IQA 模型 NRSL 和 GM-LOG 可以获得较好的性能，NRSL 和 GM-LOG 均使用局部互补特征感知失真，并使用局部至全局的特征表示。NRSL 和 GM-LOG 的不同之处在于：NRSL 使用亮度统计特征和结构统计特征感知图像失真，而 GM-LOG 使用梯度幅值和高斯拉普拉斯特征。实验表明，结构信息和全局特征表示在度量 DIBR 引入的失真时十分有效。在对比的 NR-SYIQA 模型中，两个 NR-SYIQA 模型 Zhou191 和 LVGC 可以获得比其他模型更优异的性能，原因在于它们都是通过深入分析 DIBR 引入的失真的特性和 HVS 敏感特性而设计的特征表达。Zhou191 和 LVGC 的差别是 Zhou191 在提取特征时是基于 DoG 分解的，提取的特征表示视觉质量变化的能力相对依赖 DoG 分解得到的结构特征图。因此，Zhou191 使用的特征描述只能从单一角度感知合成图像的质量变化，它的性能受到一定的限制。但是，Zhou191 依然获得了优于其他模型的性能，这表明结构特征在合成图像质量变化度量中的作用。不同于 Zhou191，LVGC 提取特征是从不同角度进行的。具体地，LVGC 提取局部结构特征和颜色特征，并使用局部至全

局的特征转换将提取的局部特征转换成全局的特征表达感知 LV；同时，使用 GC 建模计算图像的全局自然性。在局部感知和全局建模时均使用到了结构特征。实验证明，LVGC 在感知合成图像质量时更加有效。

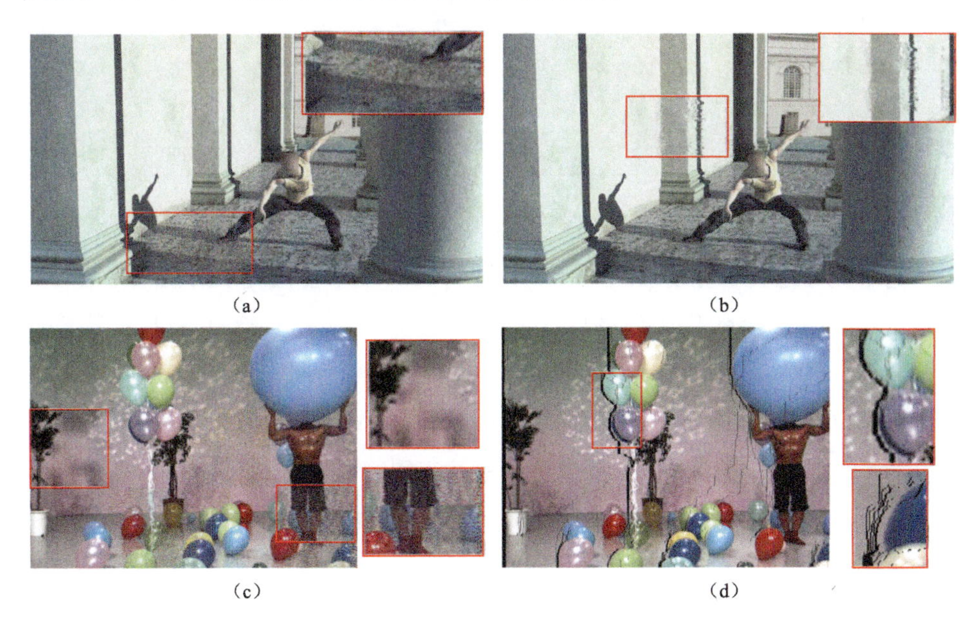

(a)　(b)　(c)　(d)

图 4.5　合成图像非均匀失真示例

4.2.2 参数敏感性

本小节的实验用于测试 LVGC 的鲁棒性，即参数敏感性。实验包括两部分：训练集比例对结果的影响和特征提取尺度对结果的影响。如本章 4.2.4 小节所示，在测试 LVGC 性能时，随机将每个数据集分成训练集(数据总量的 80%)和测试集(数据总量的 20%)，该过程循环 1 000 次，取 1 000 次循环在测试集上的平均性能作为最终性能。一般而言，训练集越大对于模型的训练越有利，过少的数据容易导致模型过拟合。实验中，将训练集的比例分别设置为 50%、60%、70%、80%和 90%，实验结果见表 4.4。观察表 4.4 可得知，实验结果和上述分析是一致的。总体而言，在测试的三个数据集上，LVGC 比较鲁棒。当训练集的比例下降至 50%时，LVGC 依然可以获得不错的性能，在 MCL-3D 上的 PLCC 值均超过了 0.92，这很好地验证了本章提出的特征提取策略的有效性。随着训练集的比例增加，LVGC 的表现也逐渐提升。为了保证公平并与大部分的 IQA 研究[53,54,87]设置保持一样，测试 LVGC 性能时将训练集比例设置为 80%。

表 4.4　不同的训练集比例对应的结果

数据集	MCL-3D		IRCCyN/IVC		IETR-DIBR	
训练集与测试集的比例	PLCC	SRCC	PLCC	SRCC	PLCC	SRCC
50%～50%	0.925	0.926	0.745	0.711	0.499	0.457
60%～40%	0.931	0.931	0.796	0.778	0.553	0.508
70%～30%	0.940	0.939	0.832	0.795	0.618	0.573
80%～20%	**0.945**	**0.943**	**0.861**	**0.824**	**0.688**	**0.626**
90%～10%	0.951	0.944	0.875	0.833	0.771	0.692

为了更好地表示合成图像的质量变化，LVGC 提取多尺度下的视觉特征。如本章 4.2.4 小节所示，LVGC 将尺度数量设置为 5。在此实验中，将尺度数量分别设置为 1、2、3、4 和 5，实验结果见表 4.5。观察表 4.5 可得知，随着尺度数量的增加，LVGC 的性能逐渐有提升，这说明在设计 IQA 模型时融入 HVS 的感知特性有利于提升模型性能。当尺度数量持续增加时，性能没有提升，原因在于降采样次数过多使得图像的尺度过小，无法进一步提取有效的特征。

表 4.5　不同的特征提取尺度对应的结果

数据集	MCL-3D		IRCCyN/IVC		IETR-DIBR	
尺度	PLCC	SRCC	PLCC	SRCC	PLCC	SRCC
1	0.873	0.862	0.822	0.796	0.630	0.571
2	0.883	0.879	0.835	0.801	0.640	0.585
3	0.917	0.901	0.840	0.812	0.675	0.610
4	0.933	0.929	0.848	0.815	0.681	0.621
5	**0.945**	**0.943**	**0.861**	**0.824**	**0.688**	**0.626**

4.2.3 特征分析与验证

为了有效地感知 DIBR 引入的失真，LVGC 从多个角度提取视觉特征，包括结构特征、颜色特征和自然性。本小节验证不同视觉特征在度量图像质量变化时作用，为了简洁性，将结构特征、颜色特征和自然性分别用 $\boldsymbol{F}_1$、$\boldsymbol{F}_2$ 和 $\boldsymbol{F}_3$ 表示。参考图像和合成图像对应的 $\boldsymbol{F}_1$ 图及特征分布图如图 4.3 所示，可以直观地发现图 4.3中图(b)和图(c)分别包含复杂的局部失真和几乎分布在整张图像的全局失真。通过比较参考图 4.3 的结构特征图可以发现，引入的失真会破坏图像中原有的结构信息。这也可以从对应的特征分布图观察得到，由于包含比较清晰的结构特征，参考图像的结构特征分布图波动较大，而由于部分结构特征丢失，合成图像的结构特征分布图波动较小。参考图像和合成图像对应的 $\boldsymbol{F}_2$ 图及特征分布图如图 4.4 所示。从图 4.3 和图 4.4 可以观察到，$\boldsymbol{F}_1$ 和 $\boldsymbol{F}_2$ 能够有效地感知图像质量并区分不同程度的失真。

进一步地，分别使用这三部分特征训练模型，量化不同部分特征的作用。实验设置如本章 4.2.4 小节所示，训练集比例设置为 80%，每个实验重复 1 000 次，取平均实验结果作为最终实验结果。实验结果见表 4.6。观察表 4.6 可得知，使用全局自然性的表现优于使用结构特征或者颜色特征，原因在于局部失真和全局失真都会导致全局自然性的变化。当 DIBR 引入的失真的程度较小时，仅使用局部特征无法获得较好的判别能力。结合局部感知和全局建模，LVGC 使用的特征描述可以共同用于准确地感知合成图像的降质情况。实验证明，从多角度捕捉合成图像的失真可以获得更好的性能。另外，在 MCL-3D 数据集和 IETR-DIBR 数据集上同时使用这三部分特征的表现优于仅使用某一部分特征。而在 IRCCyN/IVC 数据集上的表现与前两个数据集上的表现有所差异，即仅使用 $\boldsymbol{F}_3$ 获得的性能优于使用全部的特征，原因在于 IRCCyN/IVC 数据集中的数据量相对较小，只有 MCL-3D 数据集中数据的 1/3、IETR-DIBR 数据集中数据的 1/8，使用过多的特征在少量的数据上训练容易引起过拟合问题，因而仅使用少量的特征就能够捕捉有效场景内容中的失真。

表 4.6　不同部分的特征对应的结果

数据集	MCL-3D		IRCCyN/IVC		IETR-DIBR	
特征	PLCC	SRCC	PLCC	SRCC	PLCC	SRCC
$\boldsymbol{F}_1$	0.926	0.919	0.802	0.741	0.633	0.571
$\boldsymbol{F}_2$	0.902	0.900	0.586	0.419	0.417	0.372
$\boldsymbol{F}_3$	0.939	0.940	0.883	0.834	0.631	0.595
Overall	0.945	0.943	0.861	0.824	0.688	0.626

小　结

合成图像质量评价对于自由视点合成技术的发展起着至关重要的作用，本章针对 DIBR 引入的非均匀分布失真难度量问题，提出一种新颖的 NR-SYIQA 方法。考虑到 DIBR 引入的失真的两个特点，即局部性和非均匀性，本章提出使用局部结构信息和颜色信息感知局部变化，并且使用全局自然性感知图像全局的降质情况。对于局部结构信息和颜色信息，分别使用二阶高斯导数和色度特征以及颜色角度特征表示；对于全局自然性，使用亮度统计特征和结构统计特征表示。本章在三个公开数据集 MCL-3D、IRCCyN/IVC 和 IETR-DIBR 进行实验，对比了主流的 2D-IQA 模型、FR/RR-SYIQA 模型和 NR-SYIQA 模型。实验证明，本章提出的结合局部感知和全局建模策略可以有效地捕捉 DIBR 引入的失真情况，性能优于其他对比模型。

第 5 章

自由视点视频体验质量评价

视频 QoE[190]对于消费者而言是极其重要的，决定了其消费选择和消费欲望。一般而言，视频 QoE 受到很多因素的影响，如视频质量[191]、编码方式[192]、播放设备[193]、测试方法[194]以及类别信息和纹理信息[195]等。并且，QoE 的损伤可能出现在视频处理的每个阶段[3]。本章研究 FVV QoE 问题，FVVs 能够让用户随意地切换观看视角[122,123]。为了更直观地理解 FVVs 的内容形式，图 5.1 给出了 2D 视频、3D 视频、FVVs 和全景视频的直观比较。其中，2D 视频和 3D 视频分别由一个相机和两个相机拍摄得到，拍摄 3D 视频的相机也称立体相机。不同于 2D 视频和 3D 视频，FVVs 和全景视频均由多个相机拍摄得到。全景视频拍摄设备的镜头数量一般少于 FVVs 拍摄设备的镜头数量，常用的全景视频拍摄设备包含六个摄像头[196]，分别用于拍摄六个方向（前、后、左、右、上、下）的场景，拍摄时相机处于取景的中央。FVVs 拍摄设备包含的摄像头数量不等，可能是十几个或者数十个，拍摄时摄像头在一条水平线上沿着直线排列或者呈曲线排列。FVVs 与其他类型视频的最大区别是 FVVs 可以同时获取多场景内容并渲染出任意视角，而其他类型视频通常仅包含固定的场景。另外，观看 3D 视频和全景视频时一般需要佩戴专门的 3D 设备或者头盔，而观看 FVVs 时不需要佩戴额外的设备，可以裸眼观看，并且用户的交互性更强，用户可以随时切换观看视角。

FVV QoE 可能受到内在因素和外在因素的影响。内在因素是指 FVVs 生成过程中涉及的因素；外在因素是指 FVVs 播放时涉及的因素。一般而言，FVVs 生成过程包括两个阶段：获取多视点视频和渲染虚拟视点视频。与本书第 4 章涉及的合成图像生成过程一致，FVVs 包含的虚拟视点视频一般由 DIBR 技术生成（另外一种技术称为 image based rendering，该技术比较复杂且速度过慢，实际应用中一般不采用该技术）。DIBR 技术依赖深度信息，将参考视点投射到真实世界坐标系中并再次投射至虚拟视点。因此,深度信息对 DIBR 技术生成的 FVVs 的 QoE 有重要的影响。同时,DIBR 技术生成的结果与场景的复杂度显著相关,原因在于纹理图中目标的遮蔽将导致合成图像中出现内容的不连续。除去上述内在因素,视角切换速度和观看轨迹等外在因素对 FVV QoE 也可能存在影响。比如,过快或者过慢的视角切换速度都可能给用户带来不适感:快速的视角切换可能导致用户无意地忽略了视频帧的失真,而缓慢的视角切换可能使得视频帧的失真长时间地暴露在用户面前。同时,观看轨迹[123]决定了用户的观看内容。由于时域记忆效应的存在[197],不同的观看轨迹可能对应着不同的观看体验。在同一时刻,真实帧和虚拟视点帧的质量也可能稍有不同。

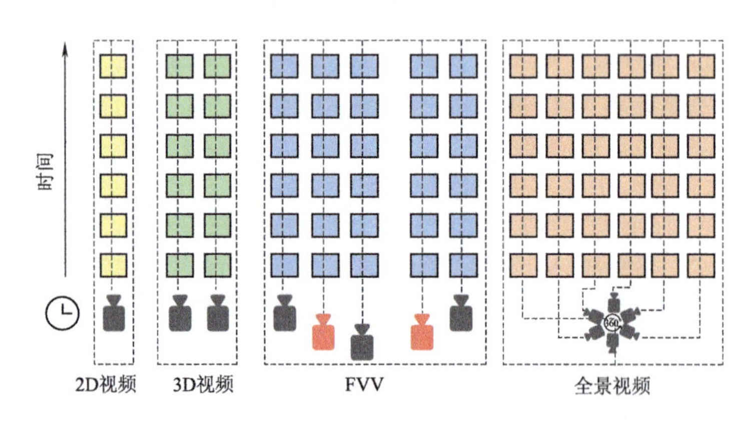

图 5.1 不同类型视频的直观比较

注:注:视频类型包括 2D 视频、3D 视频、FVV 和全景视频。黑色的相机表示真实相机,红色的相机表示虚拟相机。

本章考虑如上两类因素,构建迄今最大的 FVV QoE 数据集,并从主观和客观两个角度深入研究 FVV QoE 问题。不同于现有的数据集[119,120,122,123],本章关注的 FVVs 内容是子弹时刻(bullet time,BT),即每个 FVV 包含的帧序列属于同一时刻,包含真实相机拍摄的视点和合成的虚拟视点。为了简洁,将本章构建的 FVV QoE 数据集表示为 Youku-FVV。考虑到深度信息和目标遮蔽对 DIBR 技术有较大的影响,构建 Youku-FVV 时充分考虑 FVVs 的深度信息和目标遮蔽问题,主要涉及 FVVs 时刻的选择。为了探索实际应用中深度信息丢失对 FVVs 的影响,本章以可辨识的水平对原始深度图进行压缩。为了模拟 FVVs 播放时的真实情况,本章预定义了几种视角切换速度和观看轨迹。实际操作中,可以通过插帧或去除部分帧来模拟快速和缓慢的视角切换,这种方法会引发相邻帧之间的冰冻效应和不连续性。为了保证 FVVs 观看时的自然性,本章通过自适应地生成不同数量的虚拟视点来模拟不同的视角切换速度。另外,观看轨迹通过设置不同的观看起始点及对应的观看路径得到。相对于类似的数据集[122,123],Youku-FVV 的特点在于:①包含掩蔽目标的复杂场景以及不同的深度范围;②考虑了真实的外在因素和内在因素。Youku-FVV 与现有数据集的比较见表 5.1。

表 5.1 本章提出的 FVV QoE 数据集和现有数据集的对比

数据集	年份	#Src	#Dis	#Cam	#Spe	#Nav	#Dur	标注	分辨率	#DIBR
Bosc11	2011	3	84	1	1	None	6	MOS	1 024×768	7
Bosc13	2013	6	276	7~16	1	1	6	MOS,DMOS	1 920×1 080,1 024×768	2
SIAT	2015	10	140	1	1	None	6,8	DMOS	1 920×1 088,1 024×768	1
IPI-FVV	2019	3	120	2~5	1	3	5,10	MOS,DMOS	1 280×768,1 280×960	2
Youku-FVV	2021	18	1 944	32~41	3	3	7,9,11	MOS	1 920×1 088	1

另外,本章深入开展了 FVV QoE 客观评价模型的研究,探索了两种不同的帧稀疏采样策略对客观模型性能的影响,尝试追求性能和效率之间的平衡。第一种帧稀疏采样的范围为部分帧,第二种帧稀疏采样的范围为整个视频。

本章的创新点包括以下三点:

(1)构建了迄今最大的 FVV QoE 数据集,称为 Youku-FVV。通过深入分析内在因素和外在因素对 FVV QoE 的影响,将两种影响因素融入数据集的构建过程中,分别对应 FVVs 的生成和播放。

(2)提出一种新颖的、快速的、由粗至细的主观标注方法,并开展大规模 FVV QoE 主观实验。与主流的主观标注方法相比,本章提出的方法可以节省约 17%的标注成本。

(3)设计一种有效的 FVV QoE 客观评价模型,主要探索了两种帧稀疏采样对预测模型性能的影响。实验证明,仅使用部分帧就能够很好地表示 FVV QoE,即当时序信息丢失时稀疏采样的帧序列依然可以很好地表征 FVV QoE 变化。

5.1 主观数据集构建

5.1.1 数据收集

FVVs 数据来源于两个复杂的真实应用,包括中国男子篮球联赛(Chinese

Basketball Association,CBA)和优酷视频节目“这就是街舞”(Street Dance,SD)①。开展FVV QoE主观实验的目的是期望构建的FVV QoE数据集以及基于数据集设计的客观模型能够用于指导相关应用系统的升级和优化。因此,从原始数据源挑选数据时内容需要具备代表性,即选择的FVVs应该涵盖不同的深度信息和目标聚集程度。本章遵循的准则和其他准则[69,199]的目的是类似的,即保证数据的多样性。本章遵循的准则与其他准则[69,199]的显著区别在于本章涉及的应用十分有限(只有两个),因此无须像其他准则[69,199]一样先分析成千上万的视频样本,然后挑选出代表性视频,以保证选择的视频对于整个样本空间是紧凑的且平衡的。考虑到研究的特殊性,本章提出符合应用场景的视频采样策略。

本章提出的视频采样策略显式地依赖内在因素,包括深度信息和目标(球员或演员)的聚集程度。如5.1节所提到的,深度信息在DIBR技术中起着不可或缺的作用,不同的目标聚集程度将给DIBR技术带来不同的困难。比如,深度信息失真可能导致多个像素点投影至同一个位置,而部分位置出现空缺;当目标离拍摄相机较近时会导致DIBR过程中出现比较严重的掩蔽问题,而当目标离拍摄相机较远时DIBR过程中出现的掩蔽问题较小。在CBA场景中,球员的聚集程度和篮球所处的位置是隐式相关的。一般而言,当持球的进攻球员远离篮筐时,所有的球员将会分散地站在球场上;当持球的进攻球员冲击篮筐时,较多的球员将会聚集在篮筐附近。如图5.2所示,CBA场景中的真实相机呈曲线放置在篮筐后面。这意味着CBA场景中的FVVs的深度信息与球员的聚集程度相关。考虑到这一点,本章根据FVVs同一时刻的深度信息平均值挑选FVVs。经验地,将FVVs的深度平均值设置为大、中和小三个尺度,分别对应深度平均值的最大值、中值和最小值。对于SD场景,则不适用CBA场景中的视频采样策略,本章同时考虑深度信息和目标聚集程度。如图5.2所示,演员是从相机拍摄位置的对立面逐渐走进舞台的。演员一开始是聚集在一起的,在走到舞台中央后,逐渐分散。开始表演跳舞之后,可能存在分散和聚集的情况。类似于CBA场景,在SD场景中,首先通过深度信息平均值定位不同的候选时刻,然后根据演员的聚集程度在候选的时刻中进一步挑选。将演员的聚集程度设置为高和低两种尺度。为

①该项目是本书作者在阿里巴巴(北京)大文娱优酷视频担任研究型实习生完成的,所有原始数据均来源于优酷。

了简便，该过程由人工确定。总体而言，一共挑选出 18 个时刻。其中，CBA 场景下选择 6 个时刻；SD 场景下选择 12 个场景。该步骤挑选的 FVVs 只包含真实相机拍摄的视频。每个场景中挑选的 FVVs 单帧的示例如图 5.3 所示。需要注意的是，本章提出的视频采样策略可以扩展至其他类似应用场景下的相关数据集构建，也可以添加更多的筛选因素（如空间信息、颜色信息等）后用于构建更大规模的数据集。

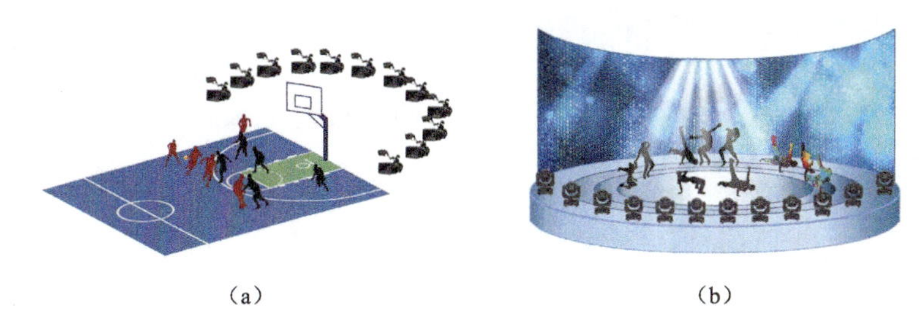

（a）　　　　（b）

图 5.2　本章涉及的两个应用场景以及对应的相机设置

注：(a)是中国男子篮球联赛，(b)是优酷视频综艺节目“这就是街舞”。

在确定 FVVs 的时刻之后，进一步构建 FVV QoE 数据集。首先考虑的是深度图的压缩降质对 FVV QoE 的影响，压缩的方案参考文献[199]。使用 H.264 和 H.265 两种压缩方法。每种压缩方法对应六种量化参数(quantizer parameter, QP)值，取值为{22,27,32,37,42,47}。考虑到基于双视图的 DIBR 技术[200]的优异性能[135]，选择该技术①生成 FVVs。此外，考虑 FVV 真实应用中的两个额外因素，包括观看轨迹和视角切换速度。对于观看轨迹，它决定了用户观看的第一感觉以及观看 FVVs 帧序列的顺序。本章预定义的三种观看轨迹如图 5.4 所示，分别对应着三个不同的起始点：最左边的视图、最左边视图与中间视图之间的视图和中间视图，均涵盖场景中的主要内容。为了简洁，这三种观看轨迹分别用 nav1、nav2 和 nav3 表示。具体地，nav1 包括两个观看方向，即从最左视图至最右视图以及最右视图至最左视图，如图 5.4(a)所示；nav2 包括三个观看方向，即从偏左视图至偏右视图、偏右视图至偏左视图和偏左视图至偏右视图，如图 5.4(b)所示；nav3 包括三个观看方向，即中间视图至偏左视图、偏左视图至偏右视图和偏右视图至偏左视图，如图 5.4(c)所示。其他设置相同的情况下，每种观看轨迹对应的视频帧数量相同。对于视角切换速度，它会影响用户对 FVVs 失真的敏感性。比如，较快的切换速度会使得细微的失真变得不可察觉；而缓慢的切换速度

①实际应用中该 DIBR 技术经过优化，因商用原因，不过多介绍细节。

会让细微的失真一直暴露在用户的观看中。本章通过合成不同数量的虚拟视点模拟视角切换速度，合成的虚拟视点数量设置分别为 150、120 和 100，数量越多视角切换速度越慢。总体而言，本章构建的 Youku-FVV 包含 1 944 个视频。每个 FVV 的帧率设置为 25，最少的视频帧数量超过了 190。FVVs 中的非均匀失真示例如图 5.5 所示。

（a）SD场景1

（b）SD场景2

（c）CBA场景

图 5.3　本章构建的数据集中单帧的示例

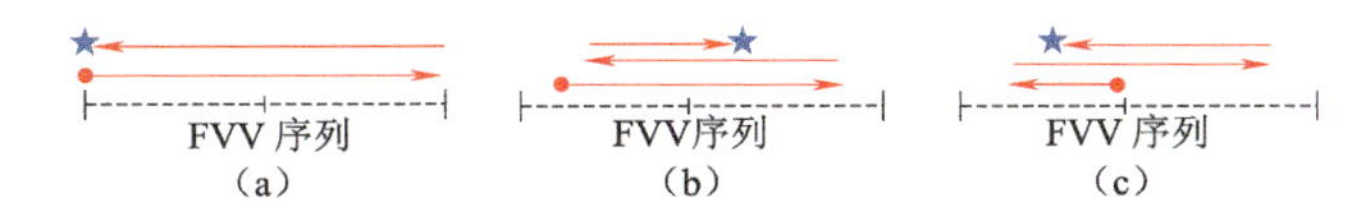

图 5.4 三种预定义的观看轨迹

注:(a)、(b)和(c)分别用 nav1、nav2 和 nav3 表示,红点和蓝色五角星分别表示一个观看轨迹的起始点和终止点。

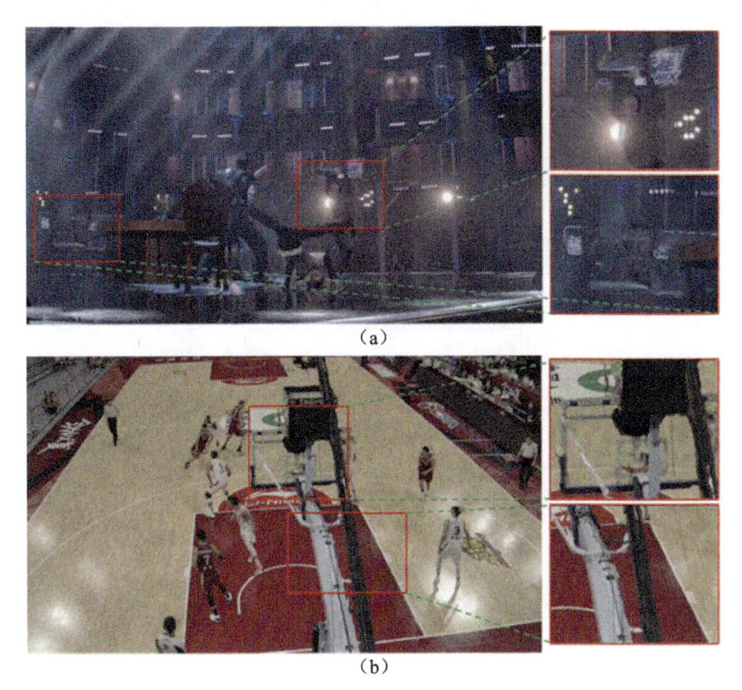

图 5.5 FVVs 中的非均匀失真示例

注:(a)中出现的失真是“鬼影”,(b)中出现的失真是扭曲和黑洞。

5.1.2 主观实验

本章参考 ITU-R BT. 500-13 的建议[201],使用单刺激法开展主观实验。主观实验的用户界面如图 5.6 所示,主观实验的显示屏为 1 920×1 080。每个受试者在给 FVVs 打分时,有三种选项:“不错”“一般但可以接受”“不可接受”,它们的 QoE 分数分别为 3、2 和 1。每个受试者在正式打分之前需要对 8 个 FVVs 打分,并且这 8 个 FVVs 的分数不记录。单次实验中,每个受试者需要对 108 个 FVVs 打分。整个主观实验一共有 236 人次的打分,共收集了超过 25 000 个主观分数,取 MOS 作为 FVVs 的 QoE 分数。共有 8 个受试者参与主观实验,受试者均为阿里巴巴公司员工,从事计算机相关职业。

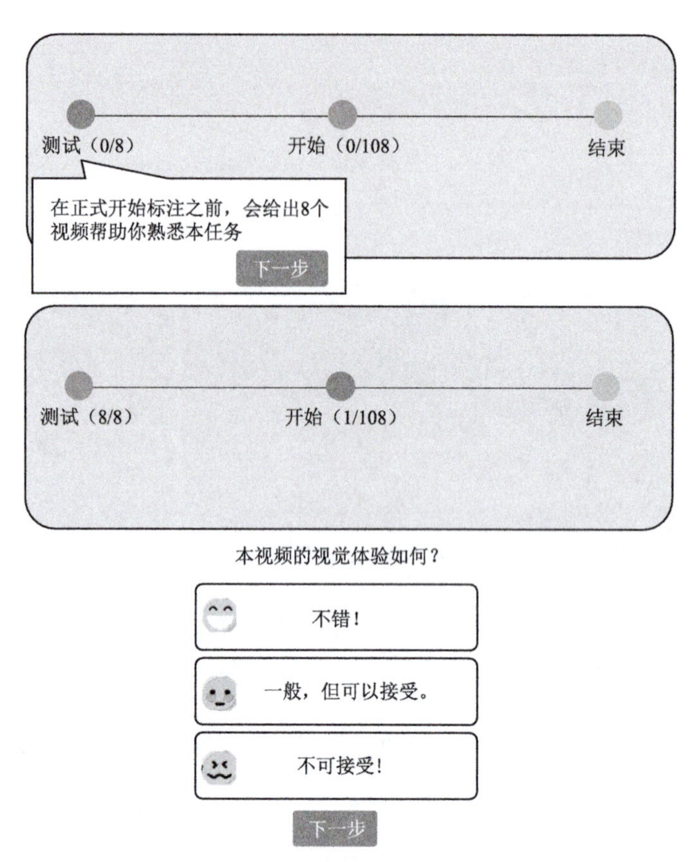

图 5.6　主观实验的用户界面

为了加速主观实验进程，本章提出了一种快速且有效的从粗到细（coarse-to-fine，C2F）的主观标注方法。该方法的主要思想是挑出一些“确定的”FVVs（如某些不可接受的 FVVs），即受试者大概率会对这类视频给出较为一致的判断，然后将更多的人力分配在标注“不确定的”FVVs。前面步骤属于 C2F 主观标注方法的第一阶段，后面步骤属于第二阶段。在第一阶段中，首先对 Youku-FVV 数据集中的每个视频打分 5 次，然后根据主观分数的标准差筛选出“确定的”FVVs。筛选的阈值 t 设置为主观分数的标准差统计的第一个四分位数，等于 0.433。当某个 FVV 的 5 次打分的标准差小于 t 时，则被认定为“确定的”FVV，不再对它继续打分。需要注意的是，t 的取值越小则意味着筛选规则越严格。当 $t=0$ 时，本章提出的主观标注方法与 ITU-R BT. 500-13 的建议将变成一致的。在第二阶段，继续给“不确定的”FVVs 打分，每个视频至少被打分 15 次。相比于常用的打分方法，即每个视频至少被打分 15 次[201]，C2F 主观标注方法节省了近 17%的标注。

如文献[201]所建议的，主观实验获得的原始主观分数需要进一步处理，以去除异常值。该操作只针对“不确定的”视频的主观分数。假定一个 FVV（用 V_i 表示）的原始主观分数的均值和标准差分别为 μ 和 σ，如果它的某个主观分数（单次打分，不是 MOS）在区间$[\mu-2n\sigma,\mu+2n\sigma]$内，则认为该主观分数是可信赖的。其中，$n$ 的取值与该视频的原始主观分数的分布有关。如果分布的四阶矩与二阶矩平方的比值大于 2 且小于 4，则认为主观分数的分布为高斯分布，n 设置为 2，否则设置为 $\sqrt{20}$[201]。对于一个受试者 PAR_j，统计 PAR_j 每次打分是否是可信赖的。设置两个指标 P_j 和 Q_j，默认值均为 0。当 PARj 对 V_i 的打分大于 V_i 主观分数分布对应的$\mu_i+2n\sigma_i$时，P_j 增加 1；当 PARj 对 V_i 的打分小于 V_i 主观分数分布对应的 $\mu_i-2n\sigma_i$ 时，Q_j 增加 1。基于这条准则，可以获得两个集合，分别表示为 $\boldsymbol{P}=\{P_j\}_{j=1}^{J}$ 和 $\boldsymbol{Q}=\{Q_j\}_{j=1}^{J}$，$J$ 表示受试者人数。当且仅当 $P_j+Q_j>0.05$ 且 $|(P_j-Q_j)/(P_j+Q_j)|<0.3$ 时，受试者 PAR_j 的打分被清除。

5.1.3 主观数据分析

本小节从标注一致性和 QoE 分数的分布两方面对主观数据进行分析。标注一致性包括组间一致性和受试者间一致性。对于组间一致性，随机将每一个 FVV 的所有 QoE 分数分成等数量的两组，并计算两组 QoE 分数的均值。然后计算两组 QoE 分数的 PLCC 和 SRCC 值。该过程重复 25 次，取中值结果作为最终结果。对于受试者间一致性，计算受试者对每个视频的评分与其 MOS 的 PLCC 和 SRCC 值，取中值结果作为最终结果。如表 5.2 所示，组间一致性较高，而受试者间一致性相对较低。

表 5.2　标注一致性

一致性	PLCC	SRCC
组间一致性	0.857	0.828
受试者间一致性	0.698	0.680

进一步地，本小节根据 QoE 分数的分布，研究内在因素和外在因素对 FVV QoE 的实际影响。如图 5.7 所示，通过观看图(a)和图(d)可以发现，FVVs 的观看轨迹对受试者几乎没有影响，即受试者的体验更容易受到 FVVs 单帧失真的影响。这个结果是合理的，原因在于不管 FVVs 帧序列以何种方式播放，FVVs 单帧的视觉质量是确定的，也是一致的。由不同的观看轨迹导致的主观分数之间的差异可能被非均匀分布的令人不悦的噪声掩盖。另外，视角切换速度对 FVV QoE 有轻微的影响。具体而言，较慢视角切换速度对应的 FVVs 的 QoE 低于中等切换速度和较快

切换速度的 FVVs 的 QoE。原因在于当受试者观看中等切换速度和较快切换速度的 FVVs 时，更容易给出一个中间的判断，即打分为 2。为了定量化描述两个外在因素对 FVV QoE 的影响，开展统计显著性测试（F－统计），置信度设置为 95%[202]。观看轨迹和视角切换速度与主观 QoE 分数的 p 值分别为 0.658 和 0.378，表明这两个外在因素对 FVV QoE 在统计学意义上无显著影响。

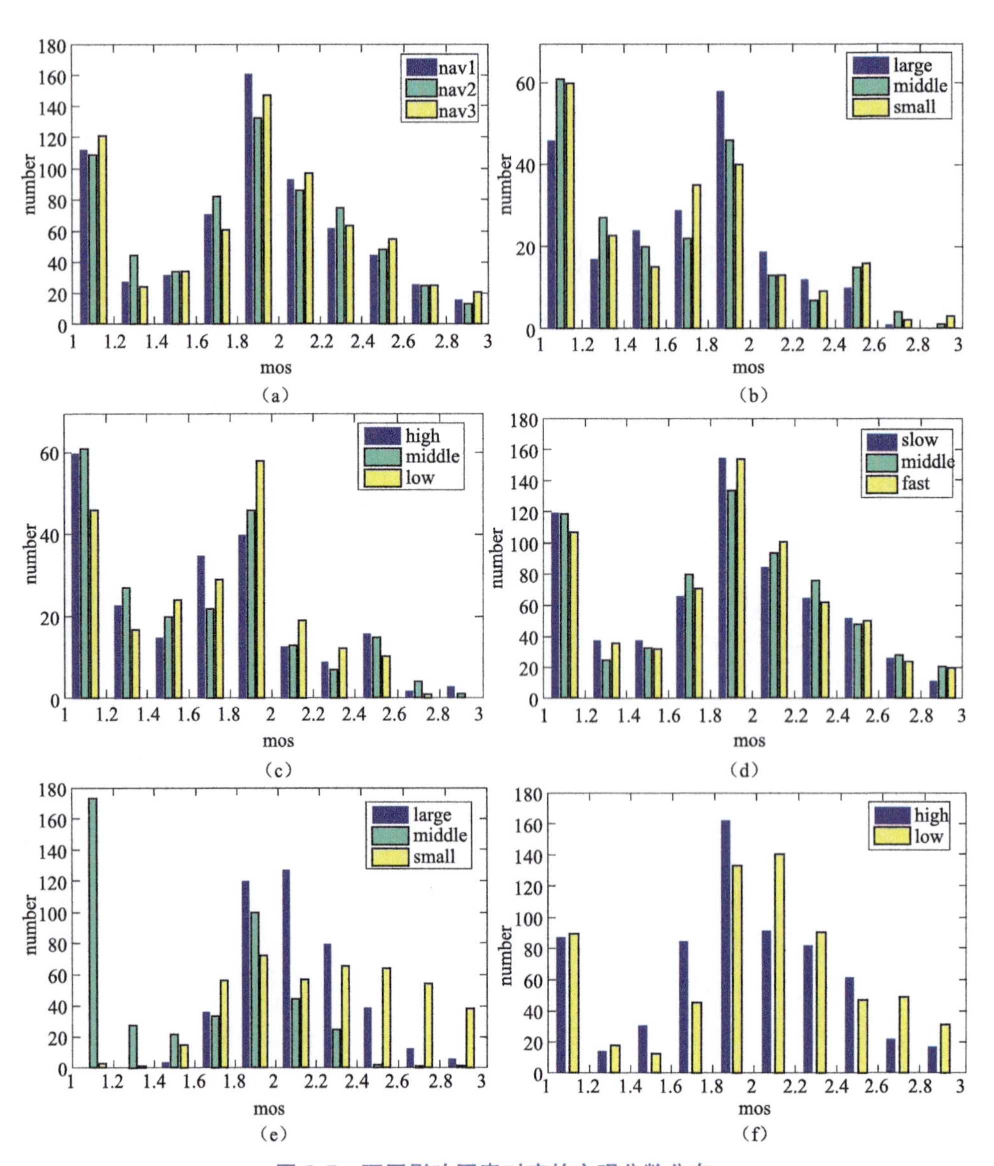

图 5.7　不同影响因素对应的主观分数分布

注：(a)、(b)、(c)、(d)、(e)和(f)分别表示观看轨迹、CBA 场景的深度范围、CBA 场景的目标聚集程度、视角切换速度、SD 场景的深度范围和 SD 场景的目标聚集程度。

此外，本小节还探索了内在因素包括深度范围和目标聚集程度对 FVV QoE 的影响，如图 5.7(b)、(c)、(e)和(f)所示。考虑到 CBA 和 SD 两种应用场景差异较大，即 CBA 中目标离相机较远，而 SD 中目标离相机较近。因此，分析不同场景下深度范围和目标聚集程度对 FVV QoE 的影响。其中，large、middle 和 small 分别表示深度范围为大、中和小；high、middle 和 low 分别表示目标聚集程度为高、中和低；fast、middle 和 slow 分别表示视角切换速度为快、中和慢。观察图 5.7(b)、(c)、(e)和(f)可得知，受试者倾向于给 SD 场景下低聚集程度的 FVVs 更高的评价，而这种倾向不适用于 CBA 场景。另外一个规律是受试者认为较小深度范围的 FVVs(SD 场景)能够带来更好的体验，可能原因是演员离相机更近会给受试者能带来更加真实的沉浸感。同样地，该规律不适用于 CBA 场景，因为 CBA 场景中的 FVVs 的深度范围差异很小，且深度值较大。

5.2 基于稀疏采样的自由视点视频体验质量评价

基于构建的大规模 FVV QoE 主观数据集，本小节开展 FVV QoE 客观模型研究，提出一种基于稀疏采样(sparse sampling)的 FVV QoE 预测模型，称为 FVV-SS。尽管近年来一直有研究者开展视频质量评价[203,204]和视频 QoE 评价[191,195]的客观模型研究，但这些研究忽略了真实应用中追求性能和效率之间平衡的需求。受视频理解相关研究[205,206]的启发，本小节着重研究帧采样策略，并与一个在视频质量预测任务表现较好的基准模型 VSFA[203]结合。如图 5.8 所示，提出的 FVV QoE 预测基准模型包含四个模块：①帧采样模型(在实验部分介绍)，用于采样 FVV 帧序列，作为空间特征提取模块的输入；②空间特征提取模块，用于提取采样的帧序列的空间特征，作为时空特征融合模块的输入；③时空特征融合模块，用于融合帧序列的空间特征，形成对 FVV 全局时空特征的近似表达；④FVV QoE 预测模块，用于预测 FVV 的 QoE。

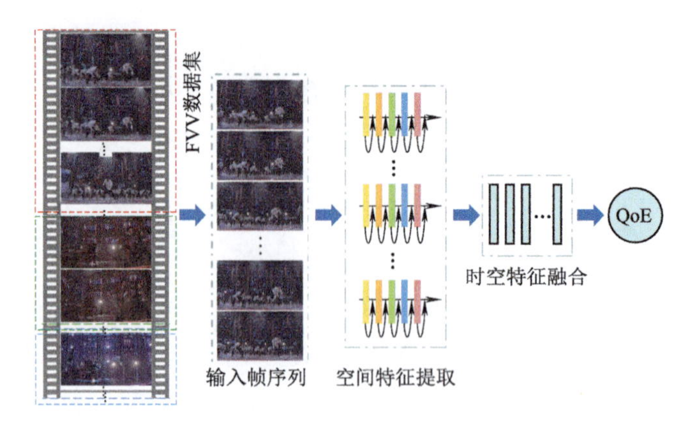

图 5.8 本章提出的 FVV QoE 预测基准模型

5.2.1 空间特征提取模块

假定一个 FVV 用 $\mathbf{V}=\{\boldsymbol{I}^{(n)}\}_{n=1}^{N}$ 表示，包含 N 帧。考虑到深度 CNN 提取的高级语义特征可以很好地表征图像质量[42,65]，本小节使用 ResNet-50[207] 作为主干网络提取每帧的空间特征图。对于 $\mathbf{V}$ 中的第 n 帧$\boldsymbol{I}^{(n)}$，将其输入至主干网络当中，最后一层 CL 的输出可表示为$\boldsymbol{M}^{(n)}=\{\boldsymbol{M}_c^{(n)}\}_{c=1}^{C}$，$C$ 表示特征图$\boldsymbol{M}^{(n)}$ 的通道数。之后，使用全局最大池化策略和全局标准差池化策略聚合每一层特征图，输出值分别为 $\overline{v}_c^{(n)}$ 和 $\widetilde{v}_c^{(n)}$，计算方式为

$$\overline{v}_c^{(n)}=\frac{1}{S}\sum_{s=1}^{S}\boldsymbol{M}_c^{(n)}(s) \tag{5.1}$$

$$\widetilde{v}_c^{(n)}=\sqrt{\frac{1}{S}\sum_{s=1}^{S}(\boldsymbol{M}_c^{(n)}(s)-\overline{v}_c^{(n)})^2} \tag{5.2}$$

式中，S 表示每层特征图的通道数。

通过上述操作，全局最大池化策略和全局标准差池化策略分别可以计算得到两个向量，用 $\overline{\boldsymbol{v}}^{(n)}=\{\overline{v}_1^{(n)},\overline{v}_2^{(n)},\cdots,\overline{v}_C^{(n)}\}$ 和 $\widetilde{\boldsymbol{v}}^{(n)}=\{\widetilde{v}_1^{(n)},\widetilde{v}_2^{(n)},\cdots,\widetilde{v}_C^{(n)}\}$ 表示。对于第 n 帧$\boldsymbol{I}^{(n)}$，它最终的特征表示通过联合操作得到，计算方式为

$$\boldsymbol{v}^{(n)}=\overline{\boldsymbol{v}}^{(n)}\oplus\widetilde{\boldsymbol{v}}^{(n)} \tag{5.3}$$

式中，$\oplus$ 表示联合操作。

5.2.2 时空特征融合模块

时空特征融合操作一直是视频理解领域[208]的研究重点，其关键是如何融合空间信息以及融合哪些空间信息，该研究范式也适用于视频质量评价和视频 QoE

评价。然而,现有的视频质量评价模型要么将视频的所有帧作为输入[203,204],要么将多组连续帧作为输入[209],这将影响模型的效率。视频 QoE 评价模型[195]将少量的连续帧作为输入,这可能会降低长时域特征的有效表达。与这些研究工作不同,本小节主要考虑性能与效率的平衡。

首先,从 $\mathbf{V}$ 中采样一定数量 N'的帧$\mathbf{V}'=\{\boldsymbol{I}^{(n)}\mid n\in \mathrm{IN}\}$用于模型训练,IN 表示采样的帧序号集合,序号并非连续。然后,使用空间特征提取模块提取采样帧的空间特征,可表示为 $\boldsymbol{v}=\{\boldsymbol{v}^{(n)}\mid n\in \mathrm{IN}\}$。融合采样帧的空间特征之前,使用一层 FCL 对空间特征进行降维,计算方式为

$$\boldsymbol{v}_{+}^{(n)}=\boldsymbol{w}\boldsymbol{v}^{(n)}+b \tag{5.4}$$

式中,$\boldsymbol{w}$ 和 b 分别表示 FCL 的权重和偏置。

之后,使用一个门控制循环单元(gated recurrent unit,GRU)融合降维后的空间特征,捕捉采样帧之间的时序关系,计算方式为

$$\boldsymbol{h}^{(n)}=\mathrm{GRU}(\boldsymbol{v}_{+}^{(n)},\boldsymbol{h}^{(n-1)}) \tag{5.5}$$

式中,$\boldsymbol{h}^{(n-1)}$ 和 $\boldsymbol{h}^{(n)}$ 分别表示 $n-1$ 时刻和 n 时刻的隐藏层。

5.2.3 FVV QoE 预测模块

融合得到采样帧的时空特征之后,使用一层 FCL 连接 GRU 的隐藏层,输出每一帧的 QoE 分数。采样帧中第 n 帧预测的 QoE 分数用 q_n 表示。考虑到 HVS 感知视频的时域记忆机制,使用时域记忆机制启发的时域融合策略[203],包含一个记忆 QoE 分数和一个当前 QoE 分数,分别用 q_n^{pre} 和 q_n^{cur} 表示。因为用户对视频中低质量的片段是无法容忍的,在之前时刻所有帧的 QoE 分数都将对当前时刻帧的 QoE 分数产生影响,因此记忆 QoE 分数为之前所有帧的 QoE 分数的最小值。而当前时刻帧的 QoE 分数也会受到未来时刻帧序列的 QoE 分数的影响,QoE 分数越低的帧对当前时刻帧的 QoE 分数影响越大,应该赋予更大的权重。它们的计算方式为

$$q_n^{\mathrm{pre}}=\begin{cases} q_n, & n=1 \\ \min\limits_{k\in \mathrm{IN}_{\mathrm{pre}}} q_k, & n>1 \end{cases} \tag{5.6}$$

$$q_n^{\mathrm{cur}}=\sum_{k\in \mathrm{IN}_{\mathrm{next}}} q_k w_n^k \tag{5.7}$$

$$w_n^k=\frac{\exp(-q_k)}{\sum\limits_{j\in \mathrm{IN}_{\mathrm{next}}}\exp(-q_k)}, k\in \mathrm{IN}_{\mathrm{next}} \tag{5.8}$$

式中，IN_{pre}和IN_{next}表示之前所有帧和未来所有帧的序号集合。当前帧加权QoE分数为记忆QoE分数和当前QoE分数的线性融合，计算方式为

$$q'_n = \lambda_1 q_n^{pre} + \lambda_2 q_n^{cur} \tag{5.9}$$

最后，将所有帧的加权QoE分数求平均，得到最终的采样帧序列的QoE分数，计算方式为

$$q(v') = \frac{1}{N'} \sum_{n \in IN} q'_n \tag{5.10}$$

式中，$q(v')$表示采样帧的预测QoE分数，λ_1和λ_2两个参数均设置为0.5。该权重策略的其他细节可参考文献[203]。

5.3 实验结果与分析

5.3.1 实验设置

将本章提出的基准模型中涉及的采样帧序列中帧的数量N'的默认值设置为32，采样间隔为5，将单个FVV的主观QoE分数作为每一个采样帧序列的标签。测试时，将同一FVV中的所有采样帧序列的QoE分数的平均值作为最终的QoE预测分数。关于采样帧序列中帧的数量以及采样间隔的详细实验将在5.3.3小节中探讨。

训练时，随机将本章提出的Youku-FVV数据集分成80%用于训练，剩余的20%用于测试，两部分数据无重叠。该划分操作循环20次，取中间结果作为最终结果。训练过程中，主干网络的参数用预训练权重初始化，之后不参与训练，使用Adam优化器更新其他模块的参数。使用L1范式作为损失函数，其定义如式(2.8)所示。初始学习率设置为e^{-4}，每隔100次迭代学习率衰减为之前数值的0.1。训练批次设置为20，整个训练的迭代次数设置为300。本章的模型使用Pytorch实现，所有的实验在一台服务器上完成，它包含Inter(R) Core(TM) i9-9900K处理器，32 GB RAM和两块11 GB内存的NVIDIA GeForce RTX 2080Ti GPU，操作系统为Ubuntu 16.04。

对比的模型包括QAC[60]、NIQE[49]、IL-NIQE[50]、dipIQ[210]、UNIQUE[211]、VIIDEO[212]和VSFA[203]。其中，前面五个是NR-IQA模型，QAC、NIQE和IL-NIQE不需要主观分数参与训练。它们在测试时计算每个FVV所有帧的分数，

然后计算分数的平均值作为每个 FVV 最终的 QoE 分数。dipIQ 和 UNIQUE 是基于 DNN 的模型。dipIQ 使用大量的质量可区分图像对训练得到。UNIQUE 是一个跨数据集训练的框架，在当前主流的 2D-IQA 数据集上表现非常优秀。后面两个是视频质量评价模型。VIIDEO 是一个经典的基于手工特征的模型，使用统计规律度量视频的失真程度，不需要主观分数参与训练。VSFA 是一个经典的基于 CNN 的模型，后续的很多视频质量评价模型[204,209]都是在它的基础上修改或者扩展的，它也是本章提出的基准模型的基础。本章提出的方法与 VSFA 的区别在于不需要输入整个视频的所有帧用于预测。由于现有的 SVQA 模型以及 FVV QoE 预测的模型没有提供开源代码，无法完整的复现，因此对比实验中没有直接对比相关的模型。另外，本章涉及的客观实验是根据主观实验结论设计的，核心的研究内容在于稀疏采样（采样范围以及采样频率）对基准模型的影响，没对比相关的模型对客观实验的主要结论不会产生影响。

5.3.2 对比实验

实验结果见表 5.3。NIQE 和 IL-NIQE 表现优于 QAC，原因在于 DIBR 引入的失真特点和 QAC 训练集中样本包含的失真的特征存在天然的差异，这也导致了在主流 2D-IQA 数据集上表现不错的 QAC 在 Youku-FVV 数据集上表现很差。NIQE 和 IL-NIQE 均在高质量的参考图像上训练，用图像自然性度量图像失真。它们的表现虽然优于 QAC，但受限于有限的训练集以及无法感知 FVVs 的局部失真，因此表现也较差。尽管 dipIQ 和 UNIQUE 都使用了先进的深度学习技术训练模型，但它们都依赖模拟失真数据，无法直接迁移至 FVV QoE 的预测任务上。

表 5.3　不同部分的特征对应的结果

模型	QAC	NIQE	IL-NIQE	dipIQ	UNIQUE	VIIDEO	VSFA	FVV-SS
PLCC	0.064	0.329	0.151	0.184	0.282	0.056	**0.728**	**0.724**
SRCC	0.017	0.327	0.119	0.156	0.123	0.011	**0.746**	**0.745**

与相关文献中的实验结果一致，VIIDEO 在 FVV QoE 预测上的性能依然较差，其手工建模方式可能存在较大的缺陷。与其他模型相比，VSFA 和 FVV-SS 表现较为突出。需要注意的是，VSFA 在 Youku-FVV 上训练和测试的过程与 FVV-SS 是一致的。得益于有效的全局特征建模，即使用表征能力突出的ResNet-50

作为特征提取器，VSFA 和 FVV-SS 可以很好地捕捉 FVVs 单帧的降质情况。通过对比 VSFA 和 FVV-SS 的性能可以发现，尽管 FVV-SS 在整个 Youku-FVV 数据集上的计算负载只有 VSFA 的 75%，但它依然能够获得相差无几的优异性能。实验结果证明，部分帧依然可以有效地表征 FVV QoE 变化。并且，也验证了主观实验的结论，即观看轨迹对 FVV QoE 无明显的影响。类似地，通过稀疏采样获得的帧序列可能在某种程度上丢失了一定的时域信息，但是依然能够获得较好的性能。

5.3.3 剥离实验

以上单一的实验无法较完整地描述帧稀疏采样对基准模型性能的影响，因此，本小节将实验扩展至两种，设计的因素包括采样跨度和采样帧数量。第一种采样跨度为“部分”，是指帧采样范围为采样第一帧与采样最后一帧之间区域，采样的相邻两帧是等间隔的；第二种采样跨度为“全部”，是指在整个视频中等间隔采样，间隔与采样帧数量相关。在视频理解任务中，帧采样策略包括不采样、相邻间隔采样部分帧和将视频分成若干小组并在每个小组中随机抽取一帧。不同于这些策略，本小节实验的目的是探索在能够获得可接受的性能的情况下输入帧的最少数量。

实验结果如表 5.4 所示，主要有三点发现。

表 5.4　不同的帧采样跨度、数量和间隔的实验结果

跨度	帧数量	间隔	PLCC	SRCC
部分	8	0	0.617	0.636
	8	1	0.622	0.652
	8	3	0.647	0.678
	8	5	0.647	0.660
	16	0	0.664	0.663
	16	1	0.657	0.667
	16	3	0.661	0.684
	16	5	0.673	0.692
	32	0	0.696	0.728
	32	1	0.690	0.712
	32	3	**0.724**	**0.745**
	32	5	0.677	0.700
	64	0	**0.726**	**0.753**
	64	1	0.726	0.745

续上表

跨度	帧数量	间隔	PLCC	SRCC
全部	8	—	0.529	0.587
	16	—	0.549	0.596
	32	—	0.655	0.658
	64	—	0.722	0.739

(1)仅输入稀疏采样的部分帧,本章的基准模型依然可以获得不错的性能。在第一种实验中,当采样帧为 8 和采样间隔为 5 时,SRCC 的值最低。当采样帧数量增加到 64 时,即少于单个 FVV 帧总数量的 1/3 时,模型可以获得最好的性能。实验结果表明部分帧可用于准确地预测 FVV QoE。因此,可以得出的结论是:在 FVV QoE 预测任务中追求性能与效率的平衡是能实现的。值得注意的是,经验证发现,该结论可以扩展至一般的 2D 视频质量评价任务中,可能可以扩展到 SVQA 任务或者视频 QoE 预测任务[119,120],甚至扩展到一般的 3D 视频质量评价任务中[26]。

(2)从第二种实验的结果可以发现,仅从单个 FVV 采样出少量的帧(8 或 16)时,即丢失了采样帧之间的部分时序信息,依然可以获得相对不错的性能,这表明单帧的质量对 FVV QoE 有决定性的影响。另外,相邻帧之间的细微差异是决定 FVV QoE 的另一个决定因素,原因在于当采样跨度变大且采样数量变多时基准模型的性能随之提升。上述结论将引导 FVV 相关运营商更多的关注 FVVs 的生成过程。

(3)类似于视频分类[208]等其他计算机视觉任务的发现,FVVs 中存在大量的冗余信息。这意味着可以使用少量的帧快速地测试相关算法如 DIBR 的性能,并对于算法性能是否符合要求给出确定性的答案。

小　结

考虑到实际应用中的 FVVs 特点,本章构建了迄今最大的 FVV QoE 数据集。具体而言,本章探索了深度范围和深度信息丢失、观看轨迹和视角切换速度对 FVVs QoE 的影响。通过开展大规模主观实验并对主观数据进行详细的分析,发现:①观看轨迹和视角切换速度对 FVV QoE 没有显著的影响,相对观看轨迹、视角切换速度对 FVV QoE 有轻微的影响;②街舞场景中较小深度范围的 FVVs 拥有更加真实的沉浸感。

此外,本章尝试设计一个有效的 FVV QoE 预测模型。该模型只需稀疏的帧序列作为输入,就可获得与主观评价较为一致的结果。通过大量的客观实验发现:①FVVs 单帧的空域失真是影响 FVVs 整体 QoE 的关键因素;②适量的稀疏帧序列依然能够很好地表征 FVV QoE 的变化。本章提出的客观模型首次探索追求模型效率和性能之间平衡的可能性,实验结论有助于相关领域的模型设计。

第 6 章

立体视觉信号质量评价算法总结与展望

6.1 立体视觉信号质量评价算法总结

随着多媒体技术的快速发展和广泛应用以及人们对视觉体验的追求日益增加,立体视觉信号因能够提供全新的沉浸式体验,已经成为人们消费的主要多媒体内容和日常生产中的重要媒介,使得立体视觉数据呈现爆发式的增长。这给多媒体信息的管理带来了新的挑战,比如:如何从大量嘈杂的立体视觉数据中快速地筛选出低质量数据并清除;如何设计准确的客观算法定量化描述立体视觉信号的降质问题,并用于算法优化[180]及系统优化[9]。

本书针对多媒体应用中立体视觉信号降质问题,面向三维图像、合成图像和FVVs,深入开展质量评价相关研究。对于 SIQA 问题,研究 HVS 特性启发的 NR-SIQA 模型设计,解决当前 NR-SIQA 模型评价范式可信度不足问题;对于 SYIQA 问题,研究有效的非均匀失真感知度量方式;对于 FVV QoE 问题,从主观和客观的角度深入探索。具体研究内容如下:

(1)针对当前基于 DNN 的 NR-SIQA 模型忽略了左右视图不同层级特征交互的问题,开展 HVS 特性启发的 NR-SIQA 模型设计。考虑到 HVS 的双目视觉特性和多层级视觉感知特性,提出融合多层级语义特征的 NR-SIQA 模型。该模型使用 Siamese Network 分别提取三维图像左右视图的低、中和高层级语义特征,再分别融合不同层级语义特征,最后融合不同层级的交互特征,通过非线性映射,得到三维图像质量分数。

(2)针对当前公开 SIQA 数据集中数据过少导致模型比较可信度不足的问题,开展基于弱监督学习的 NR-SIQA 研究。首先,构建大规模 SIQA 数据集(包含 20 000 张失真三维图像和超过 680 000 组三维图像对)以解决数据短缺问题。

考虑到收集大规模数据集主观数据时人力和物力成本过高的问题，借助先验知识自动生成三维图像对的图像级粗粒度标签（标注三维图像对中三维图像视觉质量偏好）和三维图像视图级伪标签（使用客观分数作为左右视图的标签）。然后，基于构建的大规模 SIQA 数据集，重新训练主流的基于 CNN 的 NR-SIQA 模型，期望通过提供足够的训练数据研究每个主流模型的数据表示能力。其次，探索输入大小和额外的监督信号对模型的影响。最后，以更公平的方式即在公开的主观 SIQA 数据集上测试每个模型及其变种。

（3）针对当前 SYIQA 模型性能不足的问题，提出融合局部感知和全局建模的 NR-SYIQA 模型。考虑到 DIBR 引入的失真呈现局部分布，使用局部结构和颜色特征感知局部变化。考虑到局部失真同样会引起图像全局的质量变化，使用亮度自然性和结构自然性对图像全局自然性建模，获取图像的全局质量变化。最后，使用局部特征和全局自然性共同表征合成图像质量变化。

（4）针对有限场景下 FVV QoE 评价问题，构建有限场景下多样化 FVV QoE 主观数据集，并提出基于稀疏采样的 FVV QoE 预测模型。考虑应用场景内的数据多样性，收集 FVVs 数据。提出从粗至细的两阶段主观数据标注法，节省约 17%标注人力。结合多种稀疏采样策略，设计快速、有效的 FVV QoE 预测基准模型。

6.2 立体视觉信号质量评价算法展望

目前，立体视觉信号质量评价研究得到了学术界和企业界的广泛关注，其研究成果也成功地应用在多媒体信息的管理中。随着多媒体应用范围逐渐扩大以及内容形式更加复杂多样，立体视觉信号质量评价研究工作也将面临新的挑战。未来可从以下四方面开展研究：

（1）轻量级的 NR-SIQA 模型研究。如本书的第 2 章和第 3 章的研究结果所示。第 2 章提出的 MLFF 虽然在新的比较模式下，取得了比其他模型更好的性能，然而，它的框架是最复杂的，可训练参数也是最多的。实际应用中，常常需要兼顾模型的性能和效率，即在可接受的性能下提升模型的前向传播速度。因此，设计轻量级的 NR-SIQA 模型将加速多媒体信息的管理。

（2）面向真实失真的 NR-SIQA 研究。当前的公开 SIQA 数据集和本书第 3 章构建的数据集都是模拟失真，而立体相机在拍摄时可能引入真实失真[9]。构建大规模主观数据集将面临新的调整，并且针对更加复杂的真实失真情况，如何设计鲁棒的NR-SIQA模型将值得深入研究。

(3)细粒度的NR-SYIQA模型研究。当前的SYIQA研究主要探索深度信息压缩和DIBR技术本身对合成图像质量的影响，当DIBR技术的不断成熟以及性能逐步提升，性能优异的DIBR技术引入的失真差异较小，SYIQA研究变成细粒度质量评价问题[14]。此时，研究的重点将变成设计更具判别能力的NR-SYIQA模型。

(4)性能更好的FVV QoE预测模型研究。其中一个研究方向是设计更加有效的空域特征提取方式，替代主干网络ResNet50[207]。虽然主流的图像分类网络(ResNet等)学习到的深度特征可以有效地表征图像质量[42]，也广泛应用在IQA领域中[9,65,211]，但是，DIBR引入的失真存在非均匀分布特性，与模拟失真和真实失真相比有较大差异。因此，根据DIBR引入的失真的特性[213]设计更加有效的特征表达有望进一步提升模型性能。一个直观的改进方案是根据深度感知模型更好地理解内容或融合局部和全局建模先验知识，将它们显式地或隐式地引入空域特征建模。另外一个研究方向是设计更加有效的时空特征融合模块，替代基准模型中的GRU模块。

参考文献

[1] 赵耀，李波，华先胜，等．多媒体大数据处理与分析专题前言[J]．软件学报，2018，29(4)：897-899.

[2] WANG Z. Applications of objective image quality assessment methods[J]. IEEE Signal Processing Magazine，2011，28(6)：137-142.

[3] WANG Z，REHMAN A. Begin with the end in mind：a unified end-to-end quality-of-experience monitoring，optimization and management framework[J]. SMPTE Motion Imaging Journal，2019，128(2)：1-8.

[4] 陶晓明，杨铀，徐迈，等．面向体验质量的多媒体计算通信[J]．中国图象图形学报，2011，26(6)：1201-1215.

[5] 蒋树强，刘青山，孙立峰，等．多媒体内容的多维度相似性计算与搜索专题前言[J]．软件学报，2019，31(7)：1931-1932.

[6] 王正，吴斌，王文哲，等．基于图像和视频信息的社交关系理解研究综述[J]．计算机学报，2021，44(6)：1168-1199.

[7] 方玉明，眭相杰，鄢杰斌，等．无参考图像质量评价研究进展[J]．中国图象图形学报，2021，26(2)：265-286.

[8] ZHAI G，MIN X. Perceptual image quality assessment：a survey[J]. Science China Information Sciences，2020，63(11)：211301.

[9] FANG Y，ZHU H，ZENG Y，et al，Perceptual quality assessment of smartphone photography[C]// IEEE Conference on Computer Vision and Pattern Recognition，Virtual：IEEE，2020：3677-3686.

[10] 贾川民，马海川，杨文瀚，等．视频处理与压缩技术[J]．中国图象图形学报，2021，26(6)：1179-1200.

[11] MA K，DUANMU Z，ZHU H，et al. Deep guided learning for fast multi-exposure image fusion[J]. IEEE Transactions on Image Processing，2019，29：2808-2819.

[12] LIU J，XU D，YANG W，et al. Benchmarking low-light image enhancement and beyond[J]. International Journal of Computer Vision，2021，129(4)：1153-1184.

[13] WANG Z，CHEN J，HOI S. Deep learning for image super-resolution：a survey[J]. IEEE Transactions on Pattern Analysis and Machine Intelligence，2021，43(10)：3365-3387.

[14] 鄢杰斌，方玉明，刘学林．图像质量评价研究综述：从失真的角度[J]．中国图象图形学报，2022，online.

[15] 龙霄潇，陈新景，朱昊，等．三维视觉前沿进展[J]．中国图象图形学报，2021，26(6)：1389-1428.

[16] 鄢杰斌．基于双目视觉感知的无参考三维图像视觉质量评价[D]．南昌：江西财经大学，2018.

[17] 周玉．面向虚拟视觉合成的客观质量评价方法研究[D]．徐州：中国矿业大学，2019.

[18] 周玉，汪一，李雷达，等．虚拟现实图像客观质量评价的研究进展[J]．中国图象图形学报，2022，online.

[19] 陈怡，赵尔敦，高戈，等．多视点视频无线资源优化[J]．计算机学报，2020，43(3)：492-511.

[20] 吴金建．基于人类视觉系统的图像信息感知和图像质量评价[D]．西安：西安电子科技大学，2014.

[21] 顾锞．基于感知和统计模型的图像质量评价技术及应用研究[D]．上海：上海交通大学，2017.

[22] SERIES B T. Methodology for the subjective assessment of the quality of television pictures[S]. ITU-R BT. 500-13，2012.

[23] GHADIYARAM G，BOVIK A C. Massive online crowdsourced study of subjective and objective picture quality[J]. IEEE Transactions on Image Processing，2016，25(1)：372-387.

[24] SINNO Z，BOVIK A C. Large-scale study of perceptual video quality[J]. IEEE Transactions on Image Processing，2019，28(2)：612-627.

[25] YING Z，NIU H，GUPTA D，et al. From patches to pictures (PaQ-2-PiQ)：mapping the perceptual space of picture quality[C]//IEEE Conference on Computer Vision and Pattern Recognition，Virtual：IEEE，2020：3575-3585.

[26] YING Z，MANDAL M，GHADIYARAM D，et al. Patch-VQ："Patching up" the video quality problem[C]//IEEE Conference on Computer Vision and Pattern Recognition，Virtual：IEEE，2021：14019-14029.

[27] WANG Z，BOVIK A C，SHEIKH H R，et al. Image quality assessment：from error visibility to structural similarity[J]. IEEE Transactions on Image Processing，2004，13(4)：600-612.

[28] WANG Z，SIMONCELLI E P. Maximum differentiation (MAD) competition：a methodology for comparing computational models of perceptual discriminability[J]. Journal of Vision，2008，8(12)：1-13.

[29] WANG Z，BOVIK A C. Mean squared error：Love it or leave it? - A new look at signal fidelity measures[J]. IEEE Signal Processing Magazine，2009，26(1)：98-117.

[30] WANG Z, SIMONCELLI E P, BOVIK A C. Multiscale structural similarity for image quality assessment[C]//IEEE Asilomar Conference on Signals, Systems and Computers, Pacific Grove, CA, USA: IEEE, 2003: 1398-1402.

[31] WANG Z, LI Q. Information content weighting for perceptual image quality assessment[J]. IEEE Transactions on Image Processing, 2011, 20(5): 1185-1198.

[32] WANG Z, SIMONCELLI E P. Transaction insensitive image similarity in complex wavelet domain[C]//IEEE Interactional Conference on Acoustics, Speech, and Signal Processing, Philadelphia, PA, USA: IEEE, 2005: ii-573.

[33] LIU A, LIN W, NARWARIA M. Image quality assessment based on gradient similarity [J]. IEEE Transactions on Image Processing, 2012, 21(4): 1500-1512.

[34] XUE W, ZHANG L, MOU X, et al. Gradient magnitude similarity deviation: a highly efficient perceptual image quality index[J]. IEEE Transactions on Image Processing, 2014, 23(2): 684-695.

[35] ZHANG L, ZHANG L, MOU X, et al. FSIM: a feature similarity index for image quality assessment[J]. IEEE Transactions on Image Processing, 2011, 20(8): 2378-2386.

[36] ZHANG L, SHEN Y, LIN H. VSI: a visual saliency-induced for perceptual image quality assessment[J]. IEEE Transactions on Image Processing, 2014, 23(10): 4270-4281.

[37] SHEIKH H R, BOVIK A C, DE V G. An information fidelity criterion for image quality assessment using natural scene statistics[J]. IEEE Transactions on Image Processing, 2005, 14(12): 2117-2128.

[38] SHEIKH H R, BOVIK A C. Image information and visual quality[J]. IEEE Transactions on Image Processing, 2006, 15(2): 430-444.

[39] LAPARRA V, BERARDINO A, BALLE J, et al. Perceptually optimized image rendering [J]. Journal of the Optical Society of America, 2017, 34(9): 1511-1525.

[40] LARSON E C, CHANDLER D M. Most apparent distortion: full-reference image quality assessment and the role of strategy[J]. Journal of Electronic Imaging, 2010, 19 (1): 011006s.

[41] PRASHNANI E, CAI H, MOSTOFI Y, et al. PieAPP: Perceptual image-error assessment through pairwise preference[C]//IEEE Conference on Computer Vision and Pattern Recognition, Salt Lake City, Utah, USA: IEEE, 2018: 1808-1817.

[42] ZHANG R, ISOLA P, EFROS A A, et al. The unreasonable effectiveness of deep features as a perceptual metric[C]//IEEE Conference on Computer Vision and Pattern Recognition, Salt Lake City, Utah, USA: IEEE, 2018: 586-595.

[43] DING K, MA K, WANG S, et al. Image quality assessment: unifying structure and

texture similarity[J]. IEEE Transactions on Pattern Analysis and Machine Intelligence, 2022, 44(5): 2567-2581.

[44] DING K, LIU Y, ZOU X, et al. Locally adaptive structure and texture similarity for image quality assessment[C]//ACM International Conference on Multimedia, Chengdu, China: ACM, 2021: 2483-2491.

[45] DING K, MA K, WANG S, et al. Comparison of full-reference image quality models for optimization of image processing systems[J]. International Journal of Computer Vision, 2021, 129(4): 1258-1281.

[46] WANG Z, BOVIK A C. Reduced- and no-reference image quality: the natural scene statistic model approach[J]. IEEE Signal Processing Magazine, 2011, 28(6): 29-40.

[47] MITTAL A, MOORTHY A K, BOVIK, A C. No-reference image quality assessment in the spatial domain[J]. IEEE Transactions on Image Processing, 2012, 21(12): 4695-4708.

[48] GU K, ZHAI G, YANG X, et al. Using free energy principle for blind image quality assessment[J]. IEEE Transactions on Image Processing, 2015, 17(1): 50-63.

[49] MITTAL A, SOUNDARARAJAN R, BOVIK A C. Making a "completely blind" image quality analyzer[J]. IEEE Signal Processing Letters, 2013, 20(3): 209-212.

[50] ZHANG L, ZHANG L, BOVIK A C. A feature-enriched completely blind image quality evaluator[J]. IEEE Transactions on Image Processing, 2015, 24(8): 2579-2591.

[51] FANG Y, MA K, WANG Z, et al. No-reference quality assessment of contrast-distorted images based on natural scene statistics[J]. IEEE Signal Processing Letters, 2015, 22(7): 838-842.

[52] XUE W, MOU X, ZHANG L, et al. Blind image quality assessment using joint statistics of gradient magnitude and Laplacian features[J]. IEEE Transactions on Image Processing, 2014, 23(11): 4850-4862.

[53] FANG Y, YAN J, LI L,et al. No reference quality assessment for screen content images with both local and global feature representation[J]. IEEE Transactions on Image Processing, 2018, 27(4): 1600-1610.

[54] FANG Y, YAN J, DU R, et al. Blind quality assessment for tone-mapped images by analysis of gradient and chromatic statistics[J]. IEEE Transactions on Multimedia, 2020, 23: 955-966.

[55] LI Q, LIN W, XU J, et al. Blind image quality assessment using statistical structural and luminance features[J]. IEEE Transactions on Multimedia, 2016, 18(12): 2457-2469.

[56] LI Q, LIN W, FANG Y. No reference quality assessment for multiply-distorted images in gradient domain[J]. IEEE Signal Processing Letters, 2016, 23(4): 541-545.

[57] WU J, ZHANG M, LI L, et al. No-reference image quality assessment with visual pattern degradation[J]. Information Sciences, 2019, 504: 487-500.

[58] 高飞，高新波．主动特征学习及其在盲图像质量评价中的应用[J]．计算机学报，2014，37(10)：2227-2234.

[59] YE P, KUMAR J, KANG L, et al. Unsupervised feature learning framework for no-reference image quality assessment[C]//IEEE Conference on Computer Vision and Pattern Recognition, Providence, RI, USA: IEEE, 2012: 1098-1105.

[60] XUE W, ZHANG L, MOU X. Learning without human scores for blind image quality assessment[C]//IEEE Conference on Computer Vision and Pattern Recognition, Honolulu, Portland, USA: IEEE, 2013: 995-1002.

[61] XU J, YE P, LI Q, et al. Blind image quality assessment based on high order statistics aggregation[J]. IEEE Transactions on Image Processing, 2016, 25(9): 4444-4457.

[62] KANG L, PENG Y, LI Y, et al. Convolutional neural networks for no-reference image quality assessment[C]//IEEE Conference on Computer Vision and Pattern Recognition, Columbus, OH, USA: IEEE, 2014: 1733-1740.

[63] KIM J, NGUYEN A D, LEE S. Deep CNN-based blind image quality predictor[J]. IEEE Transactions on Neural Networks and Learning Systems, 2019, 30(1): 11-24.

[64] YAN Q, GONG D, ZHANG Y. Two-stream convolutional networks for blind image quality assessment[J]. IEEE Transactions on Image Processing, 2019, 28(5): 2200-2211.

[65] ZHANG W, MA K, YAN J, et al. Blind image quality assessment using a deep bilinear convolutional neural network[J]. IEEE Transactions on Circuits and Systems for Video Technology, 2018, 30(2): 36-47.

[66] SIMONYAN K, ZISSERMAN A. Very deep convolutional networks for large-scale image recognition[C]//International Conference on Learning Representations, San Diego, CA, USA: IEEE, 2015: 1-14.

[67] TALEBI H, MILANFAR P. NIMA: neural image assessment[J]. IEEE Transactions on Image Processing, 2018, 27(8): 3998-4011.

[68] LI D, JIANG T, LIN W, et al. Which has better visual quality: the clear blur sky or a blurry animal? [J]. IEEE Transactions on Multimedia, 2019, 21(5): 1221-1234.

[69] MA K, LIU X, FANG Y, et al. Blind image quality assessment by learning from multiple annotators[C]//IEEE International Conference on Image Processing, Taipei, China: IEEE, 2019: 2344-2348.

[70] PAN D, SHI P, HOU M, et al. Blind predicting similar quality map for image quality

assessment[C]//IEEE Conference on Computer Vision and Pattern Recognition, Salt Lake City, UT, USA: IEEE, 2018: 6373-6382.

[71] RONNEBERGER O, FISCHER P, BROX T. U-net: convolutional networks for biomedical image segmentation[C]//International Conference on Medical Image Computing and Computer-Assisted Intervention. Munich, Germany: Springer, 2015: 234-241.

[72] LIN K, WANG G. Hallucinated-IQA: no-reference image quality via adversarial learning [C]//IEEE Conference on Computer Vision and Pattern Recognition, Salt Lake City, UT, USA: IEEE, 2018: 732-741.

[73] LI L, ZHOU Y, GU K, et al. Blind realistic blur assessment based on discrepancy learning[J]. IEEE Transactions on Circuits and Systems for Video Technology, 2020, 30(11): 3859-3869.

[74] KANG L, YE P, LI Y, et al. Simultaneous estimation of image quality and distortion via multi-task convolutional neural networks[C]//IEEE International Conference on Image Processing, Quebec City, QC, Canada: IEEE, 2015: 2791-2795.

[75] MA K, LIU W, ZHANG K, et al. End-to-end blind image quality assessment using deep neural networks[J]. IEEE Transactions on Image Processing, 2018, 27(3): 1202-1213.

[76] YAN B, BARE B, TAN W. Naturalness-aware deep no-reference image quality assessment[J]. IEEE Transactions on Multimedia, 2019, 21(10): 2603-2615.

[77] YANG S, JIANG Q, LIN W, et al. SGDNet: an end-to-end saliency-guided deep neural network for no-reference image quality assessment[C]//ACM International Conference on Multimedia, Nice, France: ACM, 2019: 1383-1391.

[78] CHEN M, SU C, KWON D, et al. Full-reference quality assessment of stereopairs accounting for rivalry[J]. Signal Processing: Image Communication, 2013, 28(9): 1143-1155.

[79] WANG J, REHMAN A, ZENG K, et al. Quality prediction of asymmetrically distorted stereoscopic 3D images[J]. IEEE Transactions on Image Processing, 2015, 24(11): 3400-3414.

[80] SHAO F, LIN W, GU S, et al. Perceptual full-reference quality assessment of stereoscopic images by considering binocular visual characteristics[J]. IEEE Transactions on Image Processing, 2013, 22(5): 1940-1953.

[81] SHAO F, LI K, LIN W, et al. Full-reference quality assessment of stereoscopic images by learning binocular receptive field properties[J]. IEEE Transactions on Image Processing, 2015, 24(10): 2971-2983.

[82] KHAN S, CHANNAPPAYYA S S. Estimating depth-salient edges and its application to stereoscopic image quality assessment[J]. IEEE Transactions on Image Processing, 2018, 27(12):5892-5903.

[83] CHEN M, CORMACK L K, BOVIK A C. No-reference quality assessment of natural stereopairs[J]. IEEE Transactions on Image Processing, 2013, 22(9): 3379-3391.

[84] RYU S, SOHN K. No-reference quality assessment for stereoscopic images based on binocular quality perception[J]. IEEE Transactions on Circuits and Systems for Video Technology, 2013, 24(4): 591-602.

[85] ZHOU W, YU L. Binocular responses for no-reference 3D image quality assessment[J]. IEEE Transactions on Multimedia, 2016, 18(6): 1077-1084.

[86] YUE G, HOU C, JIANG Q, et al. Blind stereoscopic 3D image quality assessment via analysis by naturalness, structure, and binocular asymmetry[J]. Signal Processing, 2018, 150: 204-214.

[87] FANG Y, YAN J, WANG J, et al. Learning a no-reference quality predictor of stereoscopic images by visual binocular properties[J]. IEEE Access, 2019, 7: 132649-132661.

[88] SHEN L, FANG R, YAO Y, et al. No-reference stereoscopic image quality assessment based on image distortion and stereo perceptual information[J]. IEEE Transactions on Emerging Topics in Computational Intelligence, 2019, 3(1): 59-72.

[89] SIM K, YANG J, LU W, et al. Blind stereoscopic image quality evaluator based on binocular semantic and quality channels[J]. IEEE Transactions on Multimedia, 2021, 24: 1389-1398.

[90] LV Y, YU M, JIANG G, et al. No-reference stereoscopic image quality assessment using binocular self-similarity and deep neural network[J]. Signal Processing: Image Communication, 2016, 47: 346-357.

[91] ZHANG W, QU C, MA L, et al. Learning structure of stereoscopic image for no-reference quality assessment with convolutional neural network[J]. Pattern Recognition, 2016, 59: 176-187.

[92] OH H, AHN S, KIM J, et al. Blind deep S3D image quality evaluation via local to global feature aggregation[J]. IEEE Transactions on Image Processing, 2017, 26(10): 4923-4936.

[93] FANG Y, YAN J, LIU X, et al. Stereoscopic image quality assessment by deep convolutional neural network[J]. Journal of Visual Communication and Image Representation, 2019, 58: 400-406.

[94] WU J, LIN W, SHI G, et al. Perceptual quality metric with internal generative mechanism[J]. IEEE Transactions on Image Processing, 2013, 22(1): 43-54.

[95] YANG J, SIM K, LU W, et al. Predicting stereoscopic image quality via stacked auto-encoders based on stereopsis formation[J]. IEEE Transactions on Multimedia, 2019, 21(7): 1750-1761.

[96] ZHOU W, CHEN Z, LI W. Dual-stream interactive networks for no-reference stereoscopic image quality assessment[J]. IEEE Transactions on Image Processing, 2019, 28(8): 3946-3958.

[97] KIM H G, JEONG H, LIM H, et al. Binocular fusion net: deep learning visual comfort assessment for stereoscopic 3D[J]. IEEE Transactions on Circuits and Systems for Video Technology, 2019, 29(4): 956-967.

[98] SHI Y, GUO W, NIU Y, et al. No-reference stereoscopic image quality assessment using a multi-task CNN and registered distortion representation[J]. Pattern Recognition, 2020, 100: 107168.

[99] ZHOU W, LEI J, JIANG Q, et al. Blind binocular visual quality predictor using deep fusion network[J]. IEEE Transactions on Computational Imaging, 2020, 6: 883-893.

[100] XU J, ZHOU W, CHEN Z, et al. Binocular rivalry oriented predictive autoencoding network for blind stereoscopic image quality measurement[J]. IEEE Transactions on Instrumentation and Measurement, 2020, 70: 1-13.

[101] ZHOU W, LIN X, ZHOU X, et al. Multi-layer fusion network for blind stereoscopic 3D visual quality prediction[J]. Signal Processing: Image Communication, 2021, 91: 16095.

[102] 蔡李美. 面向自由视点视频的虚拟视点图像绘制方法[D]. 保定:河北大学, 2021.

[103] 金鉴. 自由视点视频的编码及绘制[D]. 北京:北京交通大学, 2019.

[104] 王伟健. 基于DIBR的虚拟视点合成算法[D]. 武汉:华中科技大学, 2016.

[105] BOSC E, PEPION R, CALLET P L, et al. Towards a new quality metric for 3D synthesized view assessment[J]. IEEE Journal of Selected Topics in Signal Processing, 2011, 5(7): 1332-1343.

[106] CONZE P, ROBERT P, MORIN L, et al. Objective view synthesis quality assessment [J]. The International Society of Optical Engineering, 2012, 8288: 8256-8288.

[107] STANKOVIC D, KUKOLJ D, CALLET P L, et al. DIBR synthesized image quality assessment based on morphological pyramids[C]//IEEE International Workshop on Quality of Multimedia Experience, Pilos, Messinia, Greece: IEEE, 2015: 1-4.

[108] STANKOVIC D, KUKOLJ D, CALLET P L, et al. Multi-scale synthesized image quality assess ment based on morphological pyramids[J]. Journal of Electrical Engineering, 2016, 67(1): 3-11.

[109] STANKOVIC D, KUKOLJ D, CALLET P L, et al. DIBR synthesized image quality assessment based on morphological wavelets[C]//IEEE International Workshop on Quality of Multimedia Experience, Pilos, Messinia, Greece: IEEE, 2015: 1-6.

[110] BATTISTI F, BOSC E, CARLI M, et al. Objective image quality assessment of 3D synthesized views[J]. Signal Processing: Image Communication, 2015, 30: 78-88.

[111] LI L, ZHOU Y, GU K, et al. Quality assessment of DIBR-synthesized images by measuring local geometric distortions and global sharpness[J]. IEEE Transactions on Multimedia, 2017, 20(4): 914-926.

[112] ZHOU Y, LI L, WANG S, et al. No-reference quality assessment for view synthesis using DoG-based edge statistics and texture naturalness[J]. IEEE Transactions on Image Processing, 2019, 28(9): 4566-4579.

[113] GU K, JAKHETIYA V, QIAO J, et al. Model-based referenceless quality metric of 3D synthesized images using local image description[J]. IEEE Transactions on Image Processing, 2018, 27(1): 394-405.

[114] TIAN S, ZHANG L, MORIN L, et al. NIQSV: a no reference image quality assessment metric for 3D synthesized views[C]//IEEE International Conference on Acoustics, New Orleans, LA, USA: IEEE, 2017: 1248-1252.

[115] TIAN S, ZHANG L, MORIN L, et al. NIQSV+: a no reference synthesized view quality assessment metric[J]. IEEE Transactions on Image Processing, 2018, 27(4): 1652-1664.

[116] WANG X, SHAO F, JIANG Q, et al. Measuring coarse-to-fine texture and geometric distortions for quality assessment of DIBR-synthesized images[J]. IEEE Transactions on Multimedia, 2020, 23: 1173-1186.

[117] GU K, QIAO J, LEE S, et al. Multiscale natural scene statistical analysis for no-reference quality evaluation of DIBR-synthesized views[J]. IEEE Transactions on Broadcasting, 2020, 66(1): 127-139.

[118] TIAN S, ZHANG L, ZOU W, et al. Quality assessment of DIBR-synthesized views: an overview[J]. Neurocomputing, 2021, 423: 158-178.

[119] BOSC E, PEPION R, CALLET P L, et al. Perceived quality of DIBR-based synthesized views[C]//Applications of Digital Image Processing XXXIV, San Diego, California, USA: SPIE, 2011: 1-9.

[120] LIU X, ZHANG Y, HU S, et al. Subjective and objective video quality assessment of 3D synthesized views with texture/depth compression distortion[J]. IEEE Transactions on Image Processing, 2015, 24(12): 4847-4861.

[121] KATSENOUS A V, DIMITROV G, MA D, et al. BVI-SynTex: a synthetic video texture dataset for video compression and quality assessment[J]. IEEE Transactions on Multimedia, 2021, 23: 26-38.

[122] BOSC E, HANHART P, CALLET P L, et al. A quality assessment protocol for free-viewpoint video sequences synthesized from decompressed depth data[C]//International Workshop on Quality of Multimedia Experience, Klagenfurt am Worthersee, Austria:

IEEE, 2013: 100-105.

[123] LING S, GUTIERREZ J, GU K, et al. Prediction of the influence of navigation scan-path on perceived quality of free-viewpoint videos[J]. IEEE Journal on Emerging and Selected Topics in Circuits and Systems, 2019, 9(1): 204-216.

[124] SUN C, LIU X, YANG W, et al. An efficient quality metric for DIBR-based 3D video [C]//International Conference on High Performance Computing and Communication & 9th International Conference on Embedded Software and Systems, Washington, DC, USA: IEEE 2012: 1391-1394.

[125] KIM H G, RO Y M. Measurement of critical temporal inconsistency for quality assessment of synthesized videos[C]//IEEE International Conference on Image Processing, Phoenix, Arizona: IEEE, 2016: 1027-1031.

[126] HUANG Y, ZHOU Y, HU B, et al. DIBR-synthesized video quality assessment by measuring geometric distortion and spatiotemporal inconsistency[J]. Electronics Letters, 2020, 56(24): 1314-1317.

[127] ZHANG Y, ZHANG H, YU M, et al. Sparse representation-based video quality assessment for synthesized 3D videos[J]. IEEE Transactions on Image Processing, 2019, 29: 509-524.

[128] STANKOVIC D S, CALLET P L, BATTISTI F, et al. Free viewpoint video quality assessment based on morphological multiscale metrics[C]//International Conference on Quality of Multimedia Experience, Lisbon, Portugal: IEEE, 2016: 1-6.

[129] LING S, LI J, CHE Z, et al. Quality assessment of free-viewpoint videos by quantifying the elastic changes of multi-scale motion trajectories[J]. IEEE Transactions on Image Processing, 2021, 30: 517-531.

[130] ZHOU Y, LI L, WANG S, et al. No-reference quality assessment of DIBR-synthesized videos by measuring temporal flickering[J]. Journal of Visual Communication and Image Representation, 2018, 55: 30-39.

[131] WANG G, WANG Z, GU K, et al. Reference-free DIBR-synthesized video quality metric in spatial and temporal domains[J]. IEEE Transactions on Circuits and Systems for Video Technology, 2022, 32(3): 1119-1132.

[132] LING S, LI J, CHE Z, et al. Re-visiting discriminator for blind free-viewpoint image quality assessment[J]. IEEE Transactions on Multimedia, 2020, 23: 4245-4258.

[133] MOORTHY A K, SU C C, MITTAL A, et al. Subjective evaluation of stereoscopic images[J]. Signal Processing: Image Communication, 2013, 28(8): 870-883.

[134] SONG R, KO H, J. KUO C. C. MCL-3D: a database for stereoscopic image quality assessment using 2D-image-plus-depth source[J]. Journal of Information Science and

Engineering, 2015, 31(5): 1593-1611.

[135] TIAN S, ZHANG L, MORIN L, et al. A benchmark of DIBR synthesized view quality assessment metrics on a new database for immersive media applications[J]. IEEE Transactions on Multimedia, 2019, 21(5): 1332-1343.

[136] LEVELT W M. The alternation process in binocular rivalry[J]. British Journal of Psychology, 1966, 57(3): 225-238.

[137] MEEGAN D V, STELMACH L B, TAM W J. Unequal weighting of monocular inputs in binocular combination: Implications for the compression of stereoscopic imagery[J]. Journal of Experimental Psychology: Applied, 2001, 7(2): 143.

[138] YAMINS D L K, HONG H, CADIEU C F, et al. Performance-optimized hierarchical models predict neural responses in higher visual cortex[J]. Proceedings of the National Academy of Sciences, 2014, 111(23): 8619-8624.

[139] RONNEBERGER O, FISCHER P. BROX T. U-Net: Convolutional networks for biomedical image segmentation[C]//International Conference on Medical Image Computing and Computer-Assisted Intervention, Munich, Germany: Springer, 2015: 234-241.

[140] LIU W, ANGUELOV D, ERHAN D, et al. SSD: single shot multibox detector[C]// European Conference on Computer Vision, Amsterdam, Netherlands: Springer, 2016: 21-37.

[141] XU H, ZHANG J. AANet: adaptive aggregation network for efficient stereo matching [C]//IEEE Conference on Computer Vision and Pattern Recognition, Virtual: IEEE, 2020: 1959-1968.

[142] SHEN Z, DAI Y, RAO Z, et al. CFNet: cascade and fused cost volume for robust stereo matching[C]//IEEE Conference on Computer Vision and Pattern Recognition, Virtual: IEEE, 2021: 13906-13915.

[143] FANG Y, ZHANG H, ZUO Y, et al. Visual attention prediction for autism spectrum disorder with hierarchical semantic fusion[J]. Signal Processing: Image Communication, 2021, 93: 116186.

[144] FANG Y, ZHANG C, HUANG H, et al. Visual attention prediction for stereoscopic video by multi-module fully convolutional network[J]. IEEE Transactions on Image Processing, 2019, 28(11): 5253-5265.

[145] CHEN L C, ZHU Y, PAPANDREOU G, et al. Encoder-decoder with atrous separable convolution for semantic image segmentation[C]//European Conference on Computer Vision, Munich, Germany: Springer, 2018: 801-818.

[146] ZHAO Z, XIA C, XIE C, et al. Complementary trilateral decoder for fast and accurate

salient object detection[C]//ACM International Conference on Multimedia, Virtual: ACM, 2021: 4967-4975.

[147] CHEN Z, XU Q, CONG R, et al. Global context-aware progressive aggregation network for salient object detection[C]//AAAI Conference on Artificial Intelligence, New York, USA: AAAI, 2020: 10599-10606.

[148] BROMLEY J, BENTZ J W, BOTTOU L, et al. Signature verification using a "siamese" time delay neural network[J]. International Journal of Pattern Recognition and Artificial Intelligence, 1993, 7(4): 669-688.

[149] CHOPRA S, HADSELL R, LECUN Y. Learning a similarity metric discriminatively, with application to face verification[C]//IEEE Conference on Computer Vision and Pattern Recognition, San Diego, CA, USA: IEEE, 2005: 539-546.

[150] ZAGORUYKO S, KOMODAKIS N. Learning to compare image patches via convolutional neural networks[C]//IEEE Conference on Computer Vision and Pattern Recognition, Boston, MA, USA: IEEE, 2015: 4353-4361.

[151] KINGMA D P, BA J. Adam: a method for stochastic optimization[J]. arXiv preprint arXiv:1412.6980, 2014.

[152] MA K, DUANMU Z, WU Q, et al. Waterloo exploration database: New challenges for image quality assessment models[J]. IEEE Transactions on Image Processing, 2016, 26(2): 1004-1016.

[153] DENG J, DONG W, SOCHER R, et al. ImageNet: a large-scale hierarchical image database[C]//IEEE Conference on Computer Vision and Pattern Recognition, Miami, Florida, USA: IEEE, 2009: 248-255.

[154] WU Q, WANG L, NGAN K N, et al. Subjective and objective de-raining quality assessment towards authentic rain image[J]. IEEE Transactions on Circuits and Systems for Video Technology, 2020, 30(11): 3883-3897.

[155] HOSU V, LIN H, SZIRANYI T, et al. KonIQ-10k: an ecologically valid database for deep learning of blind image quality assessment[J]. IEEE Transactions on Image Processing, 2020, 29: 4041-4056.

[156] MA K, DUANMU Z, WANG Z, et al. Group maximum differentiation competition: Model comparison with few samples[J]. IEEE Transactions on Pattern Analysis and Machine Intelligence, 2020, 42(4): 851-864.

[157] YAN J, ZHONG Y, FANG Y, et al. Exposing semantic segmentation failures via maximum discrepancy competition[J]. International Journal of Computer Vision, 2021, 129(5): 1768-1786.

[158] HOIEM D, CHODPATHUMWAN Y, DAI Q. Diagnosing error in object detectors[C]//European Conference on Computer Vision, Firenze, Italy: Springer, 2012: 340-353.

[159] ZHANG S, BENENSON R, OMRAN M, et al. How far are we from solving pedestrian detection? [C]//IEEE Conference on Computer Vision and Pattern Recognition, Providence, Rhode Island: IEEE, 2012: 1259-1267.

[160] RONCHI M R, PERONA P. Benchmarking and error diagnosis in multi-instance pose estimation[C]//IEEE International Conference on Computer Vision, Venice, Italy: IEEE, 2017: 369-378.

[161] SZEGEDY C, ZAREMBA W, SUTSKEVER I, et al. Intriguing properties of neural networks[C]//International Conference on Learning Representations, Banff, Canada: 2014: 1-10.

[162] GOODFELLOW I J, SHLENS J, AND SZEGEDY C. Explaining and harnessing adversarial examples[C]//International Conference on Learning Representations, San Diego, CA, USA: 2015: 1-11.

[163] ARNAB A, MIKSIK O, TORR P H. On the robustness of semantic segmentation models to adversarial attacks[C]//IEEE Conference on Computer Vision and Pattern Recognition, Salt Lake City, UT, USA: IEEE, 2018: 888-897.

[164] KAMANN C, ROTHER C. Benchmarking the robustness of semantic segmentation models[C]//IEEE Conference on Computer Vision and Pattern Recognition, Virtual: IEEE, 2020: 8828-8838.

[165] WANG Z, SIMONCELLI E P. Maximum differentiation (MAD) competition: a methodology of comparing computational models of perceptual quantities[J]. Journal of Vision, 2008, 8(12): 8-8.

[166] WANG Z, MA K. Active fine-tuning from gMAD examples improves blind image quality assessment[J]. IEEE Transactions on Pattern Analysis and Machine Intelligence, 2021, online.

[167] WANG Z, WANG H, CHEN T, et al. Troubleshooting blind image quality models in the wild[C]//IEEE Conference on Computer Vision and Pattern Recognition, Virtual: IEEE, 2021: 16256-16265.

[168] RECHT B, ROELOFS R, SCHMIDT L, et al. Do imagenet classifiers generalize to ImageNet? [C]//International Conference on Learning Representations, New Orleans, Louisiana, USA: 2019: 5389-5400.

[169] LIU J, LIU D, YANG W, et al. A comprehensive benchmark for single image compression artifact reduction[J]. IEEE Transactions on Image Processing, 2020, 29: 7845-7860.

[170] GU J, CAI H, CHEN H, et al. PIPAL: a large-scale image quality assessment dataset for perceptual image restoration[C]//European Conference on Computer Vision, Virtual: Springer, 2020: 633-651.

[171] BAO W, WANG W, XU Y, et al. InStereo2K: a large real dataset for stereo matching in indoor scenes[J]. Science China Information Sciences, 2020, 63(11): 1-11.

[172] WANG Y, WANG L, WANG J, et al. Flickr1024: a large-scale dataset for stereo image super-resolution[C]//International Conference on Computer Vision Workshops, IEEE, 2019: 1-6.

[173] JUNG Y J, SOHN H, LEE S I, et al. Predicting visual discomfort of stereoscopic images using human attention model[J]. IEEE Transactions on Circuits and Systems for Video Technology, 2013, 23(12): 2077-2082.

[174] GEIGER A, LENZ P, URTASUN R. Are we ready for autonomous driving? The KITTI vision benchmark suite[C]//IEEE Conference on Computer Vision and Pattern Recognition, IEEE, 2012: 3354-3361.

[175] HUA Y, KOHLI P, UPLAVIKAR P, et al. Holopix50k: a large-scale in-the-wild stereo image dataset[J]. arXiv preprint arXiv:2003.11172, 2020.

[176] HENDRYCKS D, DIETTERICH T. Benchmarking neural network robustness to common corruptions and perturbations[C]//International Conference on Learning Representations, New Orleans, USA: 2019: 1-16.

[177] PENG Y, KUMAR K, DOERMANN D. Beyond human opinion scores: blind image quality assessment based on synthetic scores[C]//IEEE Conference on Computer Vision and Pattern Recognition, Columbus, OH, USA: IEEE, 2014: 4241-4248.

[178] SANTURKAR S, TSIPRAS D, MADRY A. Breeds: benchmarks for subpopulation shift[C]//International Conference on Learning Representations, Vienna, Austria: 2021: 1-13.

[179] HE K, ZHANG X, REN S, et al. Spatial pyramid pooling in deep convolutional networks for visual recognition[J]. IEEE Transactions on Pattern Analysis and Machine Intelligence, 2015, 37(9): 1904-1916.

[180] FANG Y, ZENG Y, JIANG W, et al. Superpixel-based quality assessment of multi-exposure image fusion for both static and dynamic scenes[J]. IEEE Transactions on Image Processing, 2021, 30: 2526-2537.

[181] LE C, YAN J, FANG Y, et al. Perceptually optimized deep high-dynamic-range image tone mapping[C]//IEEE International Conference on Virtual Reality and Visualization, Nanchang, Jiangxi, China: IEEE, 2021: 1-6.

[182] YAN J, FANG Y, HUANG L, et al. Blind stereoscopic image quality assessment by deep neural network of multi-level feature fusion[C]//IEEE International Conference on Multimedia and Expo, Virtual: IEEE, 2020: 1-6.

[183] KOENDERINK J J, DOORN A J. Representation of local geometry in the visual system [J]. Biological Cybernetics, 1987, 55(6): 367-375.

[184] OJALA T, PIETIKAINEN M, MAENPAA T. Multiresolution gray-scale and rotation invariant texture classification with local binary patterns[J]. IEEE Transactions on Pattern Analysis and Machine Intelligence, 2002, 24(7): 971-987.

[185] GRIFFIN L D. Feature classes for 1D, 2nd order image structure arise from natural image maximum likelihood statistics[J]. Network Computation in Neural Systems, 2005, 16(2): 301-320.

[186] 史劲亭. 面向视频烟雾检测的局部特征建模方法研究[D]. 南昌:江西财经大学, 2017.

[187] 夏雪. 单图烟雾识别中的局部特征学习与表示方法研究[D]. 南昌:江西财经大学, 2018.

[188] AHONEN T, HADID A, PIETIKAINEN M. Face description with local binary patterns: application to face recognition[J]. IEEE Transactions on Pattern Analysis and Machine Intelligence, 2006, 28(23): 2037-2041.

[189] MICROSOFT RESEARCH, REDMOND, WA, USA. Decision forests for classification, regression, density estimation, manifold learning and semi-supervised learning[R]. MSR-TR-20110114(28), 2011.

[190] Quality of Experience (QoE)[EB/OL]. https://en.wikipedia.org/wiki/Quality_of_experience.

[191] DUANMU Z, ZENG K, MA K, et al. A quality of experience index for streaming video [J]. IEEE Journal of Selected Topics in Signal Processing, 2016, 11(1): 154-166.

[192] BATTISTI F, CARLI M, CALLET P T, et al. Toward the assessment of quality of experience for asymmetric encoding in immersive media[J]. IEEE Transactions on Broadcasting, 2018, 64(2): 392-406.

[193] LI J, KRASULA L, BAVEYE Y, et al. AccAnn: a new subjective assessment methodology for measuring acceptability and annoyance of quality of experience[J]. IEEE Transactions on Multimedia, 2019, 21(10): 2589-2602.

[194] LI J, WANG J, BARKOWSKY M, et al. Exploring the effects of subjective methodology on assessing visual discomfort in immersive multimedia[J]. Electronic Imaging, 2018, 16: 1-6.

[195] ZHANG H, DONG L, GAO G, et al. DeepQoE: a multimodal learning framework for video quality of experience (QoE) prediction[J]. IEEE Transactions on Multimedia, 2020, 22(12): 3210-3223.

[196] SUI X, MA K, YAO Y, et al. Perceptual quality assessment of omnidirectional images as

moving camera videos[J]. IEEE Transactions on Visualization and Computer Graphics, 2021, online.

[197] PARK J, SESHADRINATHAN K, LEE S. Video quality pooling adaptive to perceptual distortion severity[J]. IEEE Transactions on Image Processing, 2012, 22(2): 610-620.

[198] VONIKAKIS V, SUBRAMANIAN J, ARNFRED J, et al. A probabilistic approach to people-centric photo selection and sequencing[J]. IEEE Transactions on Multimedia, 2017, 19(11): 2609-2624.

[199] ZHANG F, MOSS F M, BADDELEY, R, et al. BVI-HD: A video quality database for HEVC compressed and texture synthesized content[J]. IEEE Transactions on Multimedia, 2018, 20(10): 2620-2630.

[200] MORI Y, FUKUSHIMA N, YENDO T, et al. View generation with 3D warping using depth information for FTV[J]. Signal Processing: Image Communication, 2009, 24(1): 65-72.

[201] SERIES B. Methodology for the subjective assessment of the quality of television pictures [R]. Recommendation ITU-R BT, 2012, 500-513.

[202] SHEIKH H, SABIR M, BOVIK A C. A statistical evaluation of recent full reference image quality assessment algorithms[J]. IEEE Transactions on Image Processing, 2006, 15(11): 3440-3451.

[203] LI D, JIANG T, JIANG M. Quality assessment of in-the-wild videos[C]//ACM International Conference on Multimedia, Nice, France: ACM, 2019: 2351-2359.

[204] LI D, JIANG T, JIANG M. Unified quality assessment of in-the-wild videos with mixed datasets training[J]. International Journal of Computer Vision, 2021, 129(4): 1238-1257.

[205] BHARDWAJ S, SRINIVASAN M, KHAPRA M M. Efficient video classification using fewer frames[C]//IEEE Conference on Computer Vision and Pattern Recognition, Long Beach, CA, USA: IEEE, 2019: 354-363.

[206] WANG L, XIONG Y, WANG Z, et al. Temporal segment networks for action recognition in videos[J]. IEEE Transactions on Pattern Analysis and Machine Intelligence, 2018, 41(11): 2740-2755.

[207] HE K, ZHANG X, REN S, et al. Deep residual learning for image recognition[C]// IEEE Conference on Computer Vision and Pattern Recognition, Las Vegas, NV, USA: IEEE, 2016: 770-778.

[208] FEICHTENHOFER C, FAN H, MALIK J, et al. Slowfast network for video recognition[C]// IEEE Conference on Computer Vision and Pattern Recognition, Long Beach, CA, USA: IEEE, 2019: 1725-1732.

[209] CHEN P, LI L, MA L, et al. RIRNet: recurrent-in-recurrent network for video quality assessment[C]//ACM International Conference on Multimedia, Seattle, USA: ACM, 2020: 834-842.

[210] MA K, LIU W, LIU T, et al. dipIQ: blind image quality assessment by learning-to-rank discriminable image pairs[J]. IEEE Transactions on Image Processing, 2017, 26(8): 3951-3964.

[211] ZHANG W, MA K, ZHAI G, et al. Uncertainty-aware blind image quality assessment in the laboratory and wild[J]. IEEE Transactions on Image Processing, 2021, 30: 3471-3486.

[212] MITTAL A, SAAD M A, BOVIK A C. A completely blind video integrity oracle[J]. IEEE Transactions on Image Processing, 2016, 25(1): 289-300.

[213] YAN J, FANG Y, DU R, et al. No reference quality assessment for 3D synthesized views by local structure variation and global naturalness change[J]. IEEE Transactions on Image Processing, 2020, 29: 7443-7453.